普通高等教育新工科电子信息类课改系列教材

Java 程序设计基础

主 编 罗 刚 原晋鹏

西安电子科技大学出版社

内 容 简 介

Java 语言具有面向对象、平台无关、可靠稳定、分布式以及多线程等特点，是近年来最为流行和优秀的程序设计语言。目前国内外市场对 Java 程序开发人员的需求巨大。

本书共 12 章，内容涉及 Java 概述、Java 语言基础、Java 面向过程编程、Java 数组与字符串、Java 类与对象、Java 继承与抽象类、多态与接口、异常处理、Java 输入/输出、Java 常用类介绍、图形界面设计以及事件处理等 Java 的基础知识与初步应用。

本书语言深入浅出，通俗易懂，知识点循序渐进，重点突出，既注重理论的说明，也强调实际动手能力的培养。

本书可以作为高等学校计算机等专业的 Java 语言程序设计课程教材，也可供自学者及软件开发人员参考使用。

图书在版编目(CIP)数据

Java 程序设计基础/罗刚，原晋鹏主编. —西安：
西安电子科技大学出版社，2018.8(2021.8 重印)
ISBN 978–7–5606–5085–2

Ⅰ. ① J… Ⅱ. ① 罗… ② 原… Ⅲ. ① JAVA 语言—程序设计 Ⅳ. ① TP312.8

中国版本图书馆 CIP 数据核字(2018)第 198366 号

策划编辑　毛红兵
责任编辑　买永莲
出版发行　西安电子科技大学出版社(西安市太白南路 2 号)
电　　话　(029)88202421　88201467　　　邮　编　710071
网　　址　www.xduph.com　　　　　　电子邮箱　xdupfxb001@163.com
经　　销　新华书店
印刷单位　西安日报社印务中心
版　　次　2018 年 8 月第 1 版　　2021 年 8 月第 4 次印刷
开　　本　787 毫米×1092 毫米　1/16　印　张　14.5
字　　数　341 千字
印　　数　2001～2500 册
定　　价　35.00 元
ISBN 978–7–5606–5085–2/TP
XDUP 5387001–4
如有印装问题可调换

前　言

　　本书是编者多年开发和教学经验的积累，面向 Java 初学者，没有深奥晦涩的技术原理与编程技巧，兼备易读性和易操作性，使 Java 学习者在学习过程中能够把握 Java 学习的重点，掌握 Java 的基础编程思想和方法，提高编程能力。

　　本书共 12 章，从初识 Java 语言、Java 环境安装到第一个程序的编译运行，在介绍 Java 基础语法过程中通过与 C 语言进行对比，逐步过渡到 Java 基础语法；从 Java 面向过程编程到 Java 面向对象编程，详细阐述了 Java 面向对象的三大特征，即从封装到继承、从继承到多态、从抽象类到接口，这些是本书的核心内容。本书还介绍了一些 Java 的后续知识和应用，如 Java 的异常处理机制、Java 的文件处理、Java 输入/输出、Java 常用类的使用、Java 图形界面开发和事件处理等内容，舍弃了一些对于初学者而言较为困难的或可在后续课程中深入学习的应用知识，如 Java 的网络编程、多线程、数据库编程、数据结构、泛型与集合框架以及绘图等，让初学者能够专注于掌握 Java 的基础知识，更好地把握 Java 的编程思想。

　　对编程的学习应该是循序渐进的，因此编者认为 Java 基础的学习主线是 Java 基础语法→Java 面向过程编程→Java 面向对象编程→Java 应用开发。前导课 C 语言是学习 Java 的重要基础，Java 的基础语法和面向过程来源于 C 语言，C 语言的数据类型、指针地址、函数定义与调用、结构体以及结构化编程等知识都在 Java 中得到了继承和扩展，故而本书采用对比法来介绍这部分内容，让学习者更好地从 C 语言过渡到 Java 语言的学习。如果读者对于 C 语言掌握得较好，则对 Java 面向过程编程的学习来说就事半功倍；如果 Java 面向对象编程掌握得好，后续的 Java 应用开发学习就比较容易，甚至可以自主学习。Java 面向对象的编程思想和方法是进行 Java 应用开发的重要基石，这是本书强调的重点。

　　本书具有以下几个特点：

　　(1) 根据 Java 初学者的学习情况以及编者多年教学经验进行内容组织、章节安排、程序示例选择与分析讲解，尽量消除 Java 初学者的学习障碍。

　　(2) 采用对比教学方式，通过与 C 语言的对比，让初学者更好地过渡到 Java 基础。

　　(3) 重点介绍 Java 的面向对象三大特征，让学习者从程序代码的角度理解和掌握 Java 面向对象编程。

　　(4) 在 Java 的应用开发上选取了输入/输出、Java 常用类和窗口编程进行介绍，让学习者应用前面学习的 Java 基础知识解决实际问题，积累和提高编程能力。

　　本书对于每一章节的知识点均精心设计了程序示例和课后习题，通过阅读程序、分析程序和上机练习可掌握 Java 知识点，这也是学习好 Java 编程语言的有效方法。希望本书能帮助初学者披荆斩棘，迈入 Java 开发之门。

　　由于编者水平有限，书中疏漏与不妥之处在所难免，恳请广大读者批评指正。

罗　刚
2018 年 3 月

目 录

第一章 Java 概述 1
1.1 Java 历史简介 1
1.2 Java 的方向划分 2
1.3 Java 语言的特点 2
1.4 Java 语言的地位 3
1.5 Java 开发环境 5
1.5.1 安装 Java JDK 5
1.5.2 环境变量设置 6
1.5.3 集成开发环境 8
1.6 第一个 Java 程序 10
1.7 Java 编程规范 12
1.7.1 初识 Java 编程规范 12
1.7.2 Java 编程规范归纳 13
本章小结 15
习题一 16

第二章 Java 语言基础 17
2.1 Java 标识符与关键字 17
2.1.1 Java 标识符 17
2.1.2 Java 关键字 17
2.2 Java 数据类型 18
2.2.1 整数类型 18
2.2.2 字符类型 19
2.2.3 小数类型 21
2.2.4 布尔类型 22
2.2.5 引用变量 22
2.3 Java 运算符 23
2.4 Java 数据类型转换 24
2.4.1 自动类型转换 24
2.4.2 强制类型转换 25
2.5 Java 的标准输入/输出语句 26
2.5.1 Java 标准输出语句 26
2.5.2 Java 标准输入语句 28
本章小结 30
习题二 31

第三章 Java 面向过程编程 33
3.1 Java 的顺序结构 33
3.2 Java 的分支结构 35
3.2.1 if 语句 35
3.2.2 switch 语句 38
3.3 循环结构 40
3.3.1 while 循环结构 41
3.3.2 for 循环结构 42
3.3.3 循环控制语句 43
3.4 结构嵌套 43
3.5 函数 46
3.5.1 函数的定义与调用 46
3.5.2 Java 函数与帮助文档 47
本章小结 51
习题三 51

第四章 Java 数组与字符串 53
4.1 数组 53
4.1.1 数组的基本概念 53
4.1.2 数组的定义与初始化 54
4.1.3 数组遍历 56
4.1.4 二维数组 59
4.1.5 Arrays 类 62
4.2 字符串 63
4.2.1 字符串基本概念 63
4.2.2 String 类 65
4.2.3 StringBuffer 和 StringBuilder 类 71
本章小结 72
习题四 73

第五章 Java 类与对象 74
5.1 面向对象编程基础 74
5.2 类与对象 75
5.2.1 类的基本概念 75
5.2.2 类的结构与定义 75

5.2.3　对象的基本概念 77
　　5.2.4　对象的初始化 78
　5.3　构造函数 83
　5.4　成员修饰符 84
　　5.4.1　访问控制符 85
　　5.4.2　static 修饰符 86
　本章小结 90
　习题五 90

第六章　Java 继承与抽象类 92
　6.1　继承的概念 92
　6.2　继承的基本语法 93
　6.3　UML 图 95
　6.4　final 修饰符 95
　　6.4.1　最终类 96
　　6.4.2　最终方法 96
　　6.4.3　最终变量 96
　6.5　Object 类 97
　　6.5.1　equals()方法 97
　　6.5.2　toString()方法 98
　　6.5.3　getClass()方法 99
　　6.5.4　hashCode()方法 100
　6.6　抽象类 100
　本章小结 102
　习题六 102

第七章　多态与接口 103
　7.1　多态 103
　7.2　多态的支撑技术 103
　　7.2.1　向上转型 103
　　7.2.2　动态绑定 105
　7.3　多态实现 106
　7.4　多态分析 109
　　7.4.1　多态发生的地方 109
　　7.4.2　多态的作用 109
　7.5　接口 110
　　7.5.1　接口声明 110
　　7.5.2　实现接口 111
　　7.5.3　接口与多态 112

　　7.5.4　面向接口编程 115
　本章小结 116
　习题七 116

第八章　异常处理 118
　8.1　异常处理基础 118
　8.2　异常处理语法 120
　　8.2.1　try-catch-finally 120
　　8.2.2　throw/throws 125
　8.3　自定义异常类 127
　本章小结 129
　习题八 130

第九章　Java 输入/输出 131
　9.1　输入/输出的基本概念 131
　　9.1.1　输入与输出 131
　　9.1.2　流对象 132
　9.2　输入/输出类层次结构 133
　9.3　面向字节的输入/输出 133
　　9.3.1　面向字节的文件输入流 134
　　9.3.2　面向字节的文件输出流 136
　　9.3.3　带缓冲的字节输入/输出流 138
　　9.3.4　格式化输入/输出流 142
　9.4　面向字符输入/输出 145
　　9.4.1　面向字符的文件输入流 145
　　9.4.2　面向字符的文件缓冲输入流 146
　　9.4.3　面向字符的文件输出流 148
　　9.4.4　面向字符的文件缓冲输出流 149
　9.5　其它输入/输出流 150
　　9.5.1　对象输入/输出流 150
　　9.5.2　数组/字符串输入/输出流 152
　　9.5.3　顺序输入流 153
　9.6　File 类 154
　　9.6.1　File 对象 154
　　9.6.2　对文件进行操作 155
　　9.6.3　对文件夹进行操作 156
　本章小结 158
　习题九 158

第十章　Java 常用类介绍 160
10.1　基本数据包装类 160
10.2　System 类 162
10.3　Random 类 163
10.4　日期时间类 165
10.4.1　Date 类 166
10.4.2　Calendar 类 166
10.4.3　SimpleDateFormat 类 168
本章小结 171
习题十 171

第十一章　图形界面设计 173
11.1　Java 图形界面设计简介 173
11.2　AWT 概述 174
11.3　Swing 概述 175
11.4　JFrame 窗口 177
11.5　常用窗口组件 180
11.5.1　标签 180
11.5.2　字体、颜色与图像 182
11.5.3　面板 183
11.5.4　按钮 185
11.5.5　文本组件 189
11.5.6　下拉列表 191
11.5.7　菜单 193
11.6　布局管理 194
11.6.1　绝对布局 195
11.6.2　流式布局管理器 197
11.6.3　边界布局管理器 199
11.6.4　网格布局管理器 202
11.6.5　网格包布局管理器 205
本章小结 210
习题十一 210

第十二章　事件处理 212
12.1　事件基本概念 212
12.1.1　事件 212
12.1.2　事件源 213
12.1.3　监听器接口与监听器对象 ... 214
12.1.4　监听器适配器 215
12.2　委托事件模型 215
12.3　事件处理程序 216
12.3.1　标准事件处理 216
12.3.2　标准事件处理的另外两种形式 ... 219
12.3.3　具体事件处理 221
本章小结 223
习题十二 224

第一章 Java 概述

本章学习内容：
- Java 的发展历史
- Java 语言的特点
- Java 的课程地位与市场地位
- Java 开发环境的搭建
- Java 的编程规范/风格
- 第一个 Java 程序的开发和运行

1.1 Java 历史简介

Java 语言源于 Sun 公司在 1990 年 12 月开始研究的一个内部项目，Sun 公司的工程师们在项目开发中发现 C 语言和可用的 API(Application Programming Interface，应用程序编程接口)难以完成项目开发，1991 年 4 月，Sun 公司的 James Gosling 博士和几位工程师在改进 C 语言的基础上创造出一门新的语言——Oak(橡树)。Oak 语言有望于控制嵌入在有线电视交换盒、PDA(Personal Digital Assistant，掌上电脑)等中的微处理器，后来更名为"Java"(爪哇咖啡)。Java 既安全、可移植，又可跨平台，而且人们发现它能够解决 Internet 上的大型应用问题。Java 的发展历程如下：

1995 年 5 月 23 日，Oak 语言改名为 Java，并且在 SunWorld 大会上正式发布 Java 1.0 版本。Java 语言第一次提出了"Write Once，Run Anywhere"的口号。

1996 年 1 月 23 日，JDK 1.0 发布，Java 语言有了第一个正式版本的运行环境。JDK 1.0 提供了一个纯解释执行的 Java 虚拟机实现(Sun Classic VM)。JDK 1.0 版本的代表技术包括 Java 虚拟机、Applet、AWT 等。

1998 年 12 月 4 日，JDK 迎来了一个里程碑式的版本 JDK 1.2，工程代号为 Playground(竞技场)，Sun 公司在这个版本中把 Java 技术体系拆分为 3 个方向，分别是面向桌面应用开发的 J2SE(Java 2 Platform，Standard Edition)、面向企业级开发的 J2EE(Java 2 Platform，Enterprise Edition)和面向手机等移动终端开发的 J2ME(Java 2 Platform，Micro Edition)。

2000 年 5 月 8 日，工程代号为 Kestrel(美洲红隼)的 JDK 1.3 发布。

2002 年 2 月 13 日，JDK 1.4 发布，工程代号为 Merlin(灰背隼)。JDK 1.4 是 Java 真正走向成熟的一个版本，Compaq、Fujitsu、SAS、Symbian、IBM 等著名公司都有参与甚至实现自己独立的 JDK 1.4。

2004 年 9 月 30 日，JDK 1.5 发布，工程代号为 Tiger(老虎)。自 JDK 1.2 以来，Java 在

语法层面的变化一直很小，而 JDK 1.5 在 Java 语法易用性上做出了非常大的改进。

2006 年 12 月 11 日，JDK 1.6 发布，工程代号为 Mustang(野马)。在这个版本中，Sun 公司终结了从 JDK 1.2 开始的已经有 8 年历史的 J2EE、J2SE、J2ME 的命名方式，启用 Java SE 6、Java EE 6、Java ME 6 的命名方式。

2009 年 2 月 19 日，工程代号为 Dolphin(海豚)的 JDK 1.7 完成了其第一个里程碑式的版本。之后，JDK 1.7 发布了 9 个 Update 版本，最新的 Java SE 7 Update 9 于 2012 年 10 月 16 日发布。

2009 年 4 月 20 日，Oracle 公司以 74 亿美元的价格收购 Sun 公司，Java 商标从此正式归 Oracle 所有(Java 语言本身并不属于某个公司所有，它由 JCP(Java Community Process)进行管理，JCP 主要是由 Sun 公司或者说 Oracle 公司所领导的)。

2011 年 7 月 28 日，Oracle 公司发布 Java SE 1.7。

2014 年 3 月 18 日，Oracle 公司发布 Java SE 1.8。

1.2 Java 的方向划分

Java 的版本演进到了 Java 2，根据其应用的不同层面进行划分，Java 2 平台被分为三个版本，各版本及其说明如表 1-1 所示。

表 1-1 Java 2 版本划分

版本	描述	英文
J2EE	Java 平台企业版，适用于服务器，目前已成为企业运算、电子商务等领域的热门技术	Enterprise Edition
J2SE	Java 平台标准版，适用于一般的计算机，开发 PC 上的应用软件，是 Java 平台的基础	Standard Edition
J2ME	Java 平台微型版，适用于手持设备、消费产品、嵌入式设备等的应用开发，如手机移动商务应用开发等	Micro Edition

1.3 Java 语言的特点

Java 语言具有以下几个特点：

1. 简单

Java 由 C、C++发展而来，其语言风格与 C++十分相似；另一方面，Java 比 C++简单，它删除了 C++中难理解、易引起安全隐患的内容，如最典型的指针操作、多继承等，降低了学习的难度；同时，Java 还有一个特点，即它的基本语法部分与 C 语言的几乎一模一样，容易为人们接受。

2. 面向对象

Java 是一种面向对象的程序设计语言，在面向对象上相较于 C++更加合理和易于理解，更接近于现实世界的概念。同时，Java 语言支持静态和动态风格代码的继承和重用，所采用的自动装箱和拆箱技术让 Java 的各个基本类型也可以作为对象进行处理。

3．分布式

Java 具有支持分布式计算的特征。分布式计算中的"分布"指的是数据分布和操作分布。数据分布即应用系统所操作的数据可以分散存储在不同的网络节点上；操作分布即应用系统的计算可由不同的网络节点完成。Java 能实现这两种分布。

4．安全

由于 Java 是应用于网络的开发语言，因而其安全至关重要。Java 在语言机制和运行环境中都引入了多级安全措施，主要如下：

(1) 内存分配及布局由 Java 运行系统规定，取消了指针的操作，不允许直接对内存进行操作，实现了内存管理自动化，内存布局由 Java 虚拟机(Java Virtual Machine, JVM)决定。

(2) 运行系统提供字节码验证、代码认证与代码访问权限控制的安全控制模型。

① 提供字节码检验器，以保证程序代码在编译和运行过程中接受一层层的安全检查，这样可以防止非法程序或病毒的入侵。

② 提供了文件访问控制机制，严格控制程序代码的访问权限。

③ 提供了多种网络软件协议的用户接口，用户可以在网络传输中使用多种加密技术来保证网络传输的安全性和完整性。

5．编译和解释的结合

Java 应用程序由编译器编译成字节码，这个字节码不是最终可执行的程序，不能在具体的平台上运行，还需要由运行系统上的字节码解释器将其解释成机器语言，从而达到边解释边执行的目的。

6．可移植

Java 的最大特点是"一次编程，多次使用"。任何机器只要配备 Java 虚拟机，便可以运行 Java 程序，因为 Java 语言不是针对某个具体平台结构设计的。Java 源程序经编译后产生的字节码是一种与具体指令无关的指令集合，通过 Java 虚拟机就可以在任何平台上运行，即 Java 通过虚拟机屏蔽了平台的差异性，使开发人员大大降低了开发、维护和管理的开销。

7．多线程

多线程技术允许应用程序并行执行，即同时做多件事，满足了一些复杂软件的要求。Java 不但内置多线程功能，而且提供语言级的多线程支持，即定义了一些用于建立、管理多线程的类和方法，使得开发具有多线程功能的程序变得简单和有效。

1.4 Java 语言的地位

下面从课程地位和市场地位两个方面来说明 Java 语言的地位。

1．课程地位

Java 语言在计算机相关专业中的课程地位如图 1-1 所示，可以看出，Java 最主要的前导课程是 C 语言，Java 的面向过程以及结构化编程主要来自于 C 语言；Java 的后续课程很多，主要是因为 Java 技术的应用范围非常广泛，而作为这些课程的基础，如果不能很好地掌握 Java 语言，对于后续课程的学习将有很大影响，所以有关 Java 语言的课程在软件开发中占有非常重要的地位。

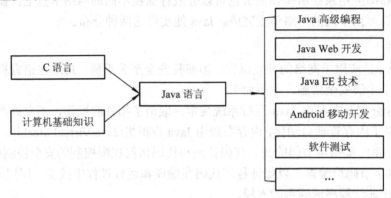

图 1-1　Java 课程地位

2. 市场地位

TIOBE 编程语言社区排行榜是编程语言流行趋势的一个指标，每月更新。该排行榜的排名基于互联网上有经验的程序员、课程和第三方厂商的数量，排名使用著名的搜索引擎(如 Google、MSN、Yahoo!、Wikipedia、YouTube 以及 Baidu 等)进行计算。

自 2000 年初以来，Java 在 TIOBE 上不管是历史排名，还是未来走势，一直都在前三。Java 从出道至今，经过多年的积累和沉淀，出现了很多优秀的开源社区，如 Apache 和 Spring。这些优秀的社区提供了很多非常好的框架，借助于这些框架，我们不用关注 Java 底层的开发，而只需关注业务的实现。

Java 程序员职业发展路线所表现出的 Java 的市场地位如图 1-2 所示。

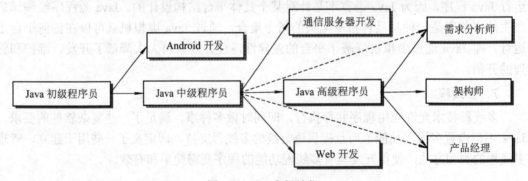

图 1-2　Java 市场地位

Java 程序员主要有三个开发方向：

(1) Android 移动端开发：主要是移动端应用的开发。移动端包括搭载 Android 系统的手机、平板、电视盒子等设备。

(2) Web 开发：主要有 HTML5 开发、B/S 应用开发、微信开发等，包括企业的信息系统开发，是 Java 应用的一个非常大的市场。

(3) 通信服务器开发：主要是通信服务器的开发，如游戏服务器、腾讯的 QQ 服务器等。

最新的一些报告证明，Java 程序员是业内薪资最高的程序员之一。根据全球数字化业务媒体机构 Quartz 的分析，掌握 Java 语言有利于提高薪资。职业规划公司 Gooroo 在 2016 年薪资和需求报告中指出，Java 仍然是中国、美国、英国和澳大利亚等国最受欢迎和薪资最高的编程语言之一，且雇主对 Java 编程技能有着很高的需求。

Java 是广泛使用的编程语言，拥有庞大的客户群。据估计，全球范围内有超过 30 亿台设备在运行 Java，超过其他任何一种语言。使用 Java 编写的程序几乎可用于任何设备，包括智能手机、服务器、自动取款机、销售点终端机(POS)、蓝光播放器、电视、机顶盒、物联网网关、医疗设备、Kindle 电子阅读器、汽车等。

可以看出，Java 语言的市场地位非常高，是具有很高学习价值的编程语言和技术。

1.5　Java 开发环境

Java 开发环境的安装主要有三个步骤，如图 1-3 所示。

下载、安装 JDK
设置环境变量
安装 IDE

图 1-3　Java 开发环境安装

1.5.1　安装 Java JDK

JDK(Java Development Kit)是 Java 语言的软件开发工具包，是整个 Java 的核心，包括 Java 运行环境、Java 工具和 Java 基础类库。要进行 Java 程序的开发，首先要在电脑上安装 JDK，其下载地址为 http://www.oracle.com/technetwork/java/javase/downloads/index.html。其下载页面如图 1-4 所示。

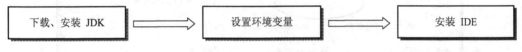

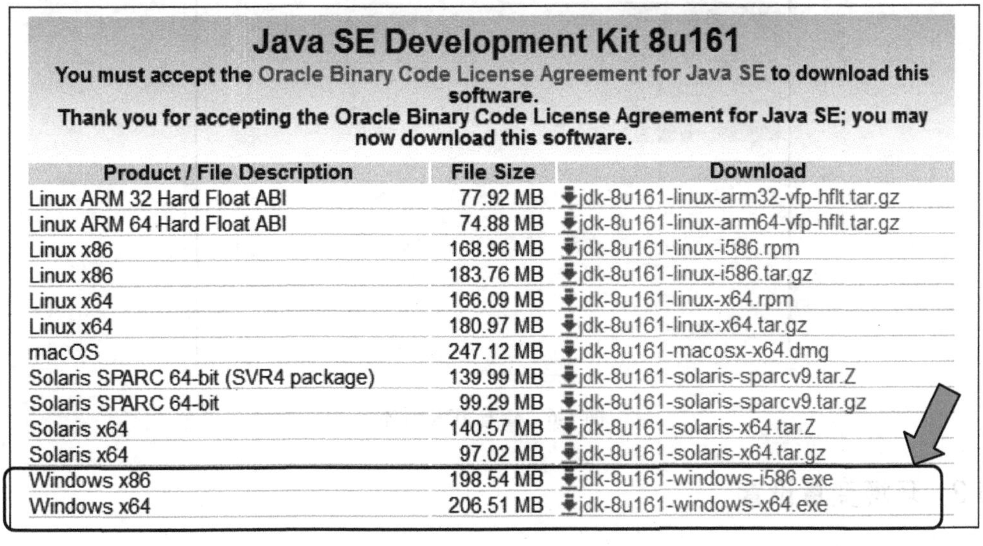

Java SE Development Kit 8u161

You must accept the Oracle Binary Code License Agreement for Java SE to download this software.

Thank you for accepting the Oracle Binary Code License Agreement for Java SE; you may now download this software.

Product / File Description	File Size	Download
Linux ARM 32 Hard Float ABI	77.92 MB	jdk-8u161-linux-arm32-vfp-hflt.tar.gz
Linux ARM 64 Hard Float ABI	74.88 MB	jdk-8u161-linux-arm64-vfp-hflt.tar.gz
Linux x86	168.96 MB	jdk-8u161-linux-i586.rpm
Linux x86	183.76 MB	jdk-8u161-linux-i586.tar.gz
Linux x64	166.09 MB	jdk-8u161-linux-x64.rpm
Linux x64	180.97 MB	jdk-8u161-linux-x64.tar.gz
macOS	247.12 MB	jdk-8u161-macosx-x64.dmg
Solaris SPARC 64-bit (SVR4 package)	139.99 MB	jdk-8u161-solaris-sparcv9.tar.Z
Solaris SPARC 64-bit	99.29 MB	jdk-8u161-solaris-sparcv9.tar.gz
Solaris x64	140.57 MB	jdk-8u161-solaris-x64.tar.Z
Solaris x64	97.02 MB	jdk-8u161-solaris-x64.tar.gz
Windows x86	198.54 MB	jdk-8u161-windows-i586.exe
Windows x64	206.51 MB	jdk-8u161-windows-x64.exe

图 1-4　JDK 下载示意图

JDK 1.8 是目前的主要版本，对于初学者来说，使用 1.6 或者 1.7 版本并没有太多影响，Java 主要的语法是一样的，但在后期进行开发的时候要注意版本之间的变化。下载时要注意 JDK 的使用平台，如 Linux32 位/64 位、macOs、Solaris、Windows x86 以及 Windows x64 等，如图 1-4 所示，可以根据自己的电脑选择 Windows x86(32bit)或者 Windows x64(64bit) 进行安装。

JDK 的安装方法和一般的软件安装一样，跟随软件安装的向导界面，按照默认的安装设置进行即可。安装完后可以在开始菜单中查看，也可以在控制面板中查看是否安装成功，如图 1-5 所示。

图 1-5 检查 JDK 是否安装成功

双击 Java 图标，然后在弹出的界面中点击"关于"，可以查看 Java 的版本号，如图 1-6 所示。

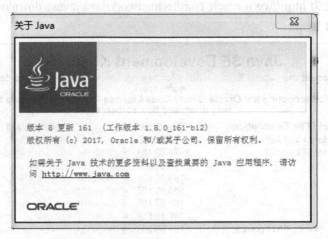

图 1-6 查看 JDK 版本

1.5.2 环境变量设置

安装好 JDK 后需要进行环境变量的设置，具体流程如图 1-7 所示。

(1) 右键点击"计算机"→"属性",在弹出的系统属性对话框中点击"高级系统设置"→"高级"→"环境变量(N)…"。

(2) 在"环境变量"窗口中的"系统变量(S)"下点击"新建(W)…",新建"JAVA_HOME"变量,变量值为 JDK 的安装目录名,默认安装目录为 C:\Program Files\Java\jdk1.8.0_161。

(3) 在"系统变量(S)"栏找到 Path 变量,双击进行编辑,在变量值后输入"%JAVA_HOME%\bin;%JAVA_HOME%\jre\bin;",如图1-8所示。

注:如果原来的 Path 变量值的最末尾没有";"号,则需要先输入";"号后再输入上面的代码。

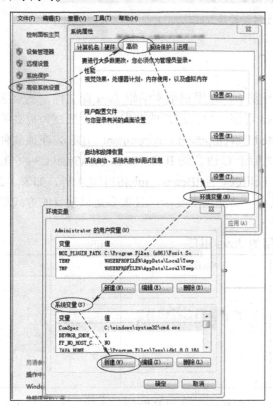

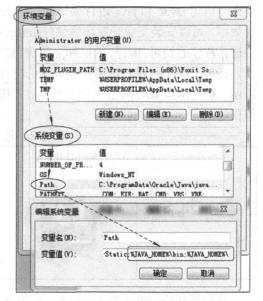

图1-7 Java 环境变量设置流程   图1-8 编辑环境变量

(4) 再次在"系统变量(s)"栏点击"新建(W)…",输入 CLASSPATH,变量值后输入".%JAVA_HOME%\lib;%JAVA_HOME%\lib\tools.jar"(注意最前面有一个点),如图1-9所示。

图1-9 输入环境变量

(5) 检验是否配置成功,运行 cmd,在黑色窗口中输入"java -version"(java 和 -version 之间有空格)。若如图1-10所示,显示 Java 的版本信息,则说明安装配置成功。

图 1-10　环境变量设置是否成功

1.5.3　集成开发环境

安装好 JDK 后就可以进行 Java 程序的开发了，使用记事本编辑 Java 源文件，然后采用命令语句 javac 和 java 进行编译和运行 Java 程序，但是这样的开发效率很低。为提高编程效率，可以安装集成开发环境软件(Integrated Development Environment，IDE)，在该软件中进行程序的编辑、编译、调试和运行等，这类似于 C 语言的 IDE：Microsoft Visual C++ 6.0。

目前，Java 的 IDE 很多，较为常用的有 Eclipse、NetBeans、IntelliJ IDEA 等，如表 1-2 所示，但是这些 IDE 对于初学者来说过于庞大，功能过于复杂，且大多是以项目的方式组织程序的。

表 1-2　常用的 Java IDE

Eclipse	IntelliJ IDEA	NetBeans	JCreator

我们推荐初学者使用 JCreator，它是 Xinox Software 公司开发的一个用于 Java 程序设计的集成开发环境软件，具有编辑、调试、运行 Java 程序的功能。JCreator 分为 Pro 版和 Le 版，Pro 版是专业版，需要付费，功能较为强大；Le 版是免费版本，功能有一定限制。JCreator 具有小巧、简洁、美观、速度快、效率高、语法着色、代码自动完成、代码参数提示等特点，对于初学者学习 Java 较为适合。JCreator 可以单独对 Java 的源文件进行编译、调试和执行，对于初学者而言可以先避开项目的概念，关注 Java 的基本语法，就像对于 C 语言的学习，初学者使用 Microsoft Visual C++6.0 要比 Microsoft Visual C++2010 容易掌握和使用。

JCreator Le 5.0 软件可以在 JCreator 官网(http://www.jcreator.com/)下载，也可以在很多常用的软件下载网站上搜索下载，下载完按照安装向导提示进行安装即可。安装完毕后打开软件，JCreator 的主界面如图 1-11 所示。

第一章　Java 概述

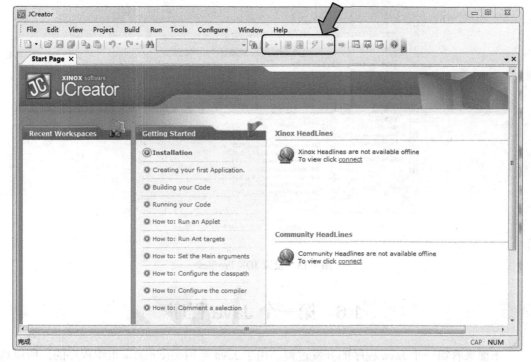

图 1-11　JCreator 主界面

该软件是英文版，但对于初学者来说，主要使用工具栏上的几个按钮即可：

：Build 按钮，将 Java 源程序编译为能被 Java 虚拟机运行的字节码文件，类似于在 VC++6.0 里面将 .c 文件进行编译的操作。

：Run 按钮，运行 Java 程序，经过上面的 Build 操作，如果没有语法错误，就可以在 IDE 中运行程序，观察结果。

：Stop 按钮，如果程序在运行中，则该按钮变成黄色，点击该按钮能终止程序运行。

如果在使用 JCreator 过程中出现图 1-12 所示的提示，表示后台的 Java JDK 还没有和我们之前安装的 JCreator 关联起来，解决方法如下：在 JCreator 菜单 Configure 中选择 Options →JDK Profiles，检查是否有 JDK；如果为空，就点击 New 按钮，然后找到 JDK 安装的目录，如图 1-13 所示。

图 1-12　JDK 设置问题

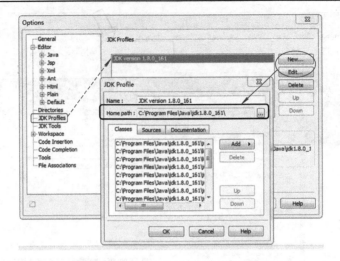

图 1-13 设置 JDK Profiles

1.6 第一个 Java 程序

下面来看第一个 Java 程序的开发过程。由于 Java 是用类(class)来组织程序的，所以这里要新建一个 Java 类。新建的文件名(类名)为 HelloJava.java，该程序的作用是向显示器输出一个字符串"HelloJava"。

点击 JCreator 中的菜单项 File→New→File，出现新建文件向导，如图 1-14 所示，选择 Java Classes→Java Class，点击 Next 按钮。

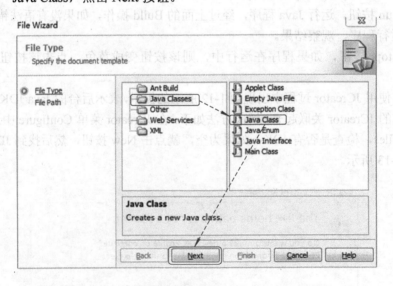

图 1-14 新建 Java 类

在图 1-15 所示的窗口中输入文件名"HelloJava"，选择源文件需要放置的路径，如"D:\JavaCode\"，然后点击 Finish 按钮，即可进入到程序编辑界面。

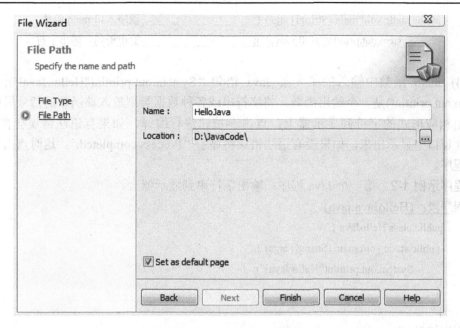

图 1-15 输入类名及所在目录

在程序编辑区域会看到下列程序代码：

程序示例 1-1 第一个 Java 程序(空程序)。

<u>程序段</u> (HelloJava.java)

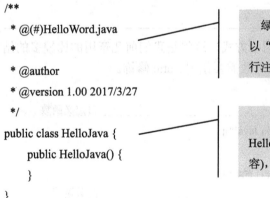

```
/**
 * @(#)HelloWord.java
 *
 * @author
 * @version 1.00 2017/3/27
 */
public class HelloJava {
    public HelloJava() {
    }
}
```

绿色的这段代码表示注释，以 "/**" 开头，以 "*/" 结束，注释代码不被编译运行，单行注释还可以使用 "//"。

这里生成了一个与文件名相同的类——HelloJava，里面有一个构造函数(第五章内容)，目前暂时没用到，可以删掉。

<u>程序分析：</u>

(1) Java 是使用类(class)来组织程序的，在一个文件中可以有多个类，每个类有自己的区域{...}，其中只能有一个类的类名与文件名相同，并且带 public 公共修饰符，该类是作为该文件运行的主类，该类的 main 方法将是运行该文件的入口函数。

(2) 在本书的前四章，我们都在一个文件中定义一个同名的主类，然后在该类中输入一个 main 函数，作为程序的入口，类似于 C 语言，在 main 函数中编写程序语句或者调用其它函数。

(3) main 函数的写法：(可以使用 JCreator 的代码提示：输入 main，出现提示后回车，即可自动完成 main 函数代码。)

```
    public static void main (String[] args) {                          程序入口 main 函数
        System.out.println("Hello Java!");                              输出语句，输出字符串
    }
```

（4）main 函数中输入的第一条 Java 语句"System.out.println("Hello Java!");"中，System.out.println()是一个输出函数，将字符串或各种数据类型放入该函数的括号里面，能够输出相应形式的字符到显示器上；点击 按钮进行编译，如果有语法错误会在 Build Output 窗口中显示出来，如果没有语法错误将显示"Process completed."，这时点击 按钮运行程序。

程序示例 1-2　第一个 Java 程序：输出字符串到显示器上。

程序段：(HelloJava.java)

```
    public class HelloJava {
      public static void main (String[] args) {
            System.out.println("Hello Java!");
      }
    }
```

程序结果：

```
General Output
--------------------Configuration: <Default>--------------------
Hello Java!

Process completed.
```

上面的结构可以改造为函数调用的方式，这将是我们前几章用的比较多的结构，由于 main 函数是直接调用 fun 函数，fun 函数需要使用 static 修饰。

```
    public class HelloJava {
        public static void fun () {                                    自定义函数
            System.out.println("Hello Java!");
        }
        public static void main (String[] args) {
            fun();                                                     函数调用
        }
    }
```

1.7　Java 编程规范

1.7.1　初识 Java 编程规范

Java 编程规范或者说编程风格，是指 Java 语言经历了二十多年的发展之后，程序员们对于如何写出规范的程序已经有了一些共同的认识。虽然良好的编程规范并不会影响程序

的正确性和效率，但是对于可读性、可维护性等具有很大的影响。

下列两个程序段都定义了一个函数，用来求一维数组的最大值。

程序示例 1-3　Java 编程风格示例。

程序段(JavaStyleTest1.java)
```
public static int fun(int[] a){
    int m = a[0];
    for(int i=1; i<a.length; i++)if(m<a[i])m=a[i];
    return m;   }
```

程序段 (JavaStyleTest2.java)
```
public static int getMaxFromArray(int[] a){    //对一个整数数组求最大值
    int i;
    int n = a.length;
    int max = a[0];
    for(i = 1; i < n;   i++) {                  //遍历 int 数组
        if(max < a[i]) {                        //如果 a[i]比 max 大，就把 a[i]赋值给 max
            max = a[i];
        }
    }
    return max;                                 //返回 max
}
```

上述两个程序运行后的结果一样，但是哪个可读性强呢？从上述两个程序的差别可以看出 Java 编程规范的优点：

(1) 好的编码规范可以改善软件的可读性，让开发人员更快更好地理解新的代码。

(2) 好的编码规范可以减少软件代码的维护成本。

(3) 好的编码规范可以有效提高团队开发的合作效率。

(4) 规范性编码可以让开发人员养成良好的编码习惯，思维更加严谨。

1.7.2　Java 编程规范归纳

Java 初学者应该掌握以下基本的编程规范，更为详细的编程规范可以参考"SUN Java 编码规范中文版.pdf"详细说明，此处不再赘述。

1. 命名规范

语言的各种元素命名应该正确并且具有一定含义，如对类、变量、函数名等的命名，应该使用完整的英文单词，要能望文知意，如上述程序的 getMaxFromArray 函数的命名就比 fun 函数的命名有意义。

2. 驼峰式命名规则

变量名、函数名、参数名等宜以 lowerCamelCase 风格编写：首字母小写，之后每个单词首字母大写。

类名、接口名等宜以 UpperCamelCase 风格编写：首字母大写，之后每个单词首字母大写。

3. 正确的代码缩进格式

一个排版良好的程序必定有正确的缩进形式，而代码的正确缩进能有效增强程序的可读性，并且还能有效避免逻辑错误。应使用 Tab 键进行代码缩进，而不要使用空格键，且缩进必须要有正确的层次，如下面的程序段：

程序示例 正确的缩进形式。

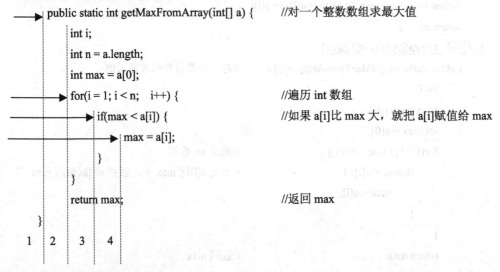

该程序共有 4 个缩进层次：

(1) getMaxFromArray 函数：该函数的函数体在一对"{}"之间，左花括号"{"写在函数头部之后，右花括号"}"对齐函数头部第一个字符，该函数体内的所有语句缩进一个层次。

(2) for 循环语句：for 语句的一对"{}"之间是循环体语句，所以循环体里的所有语句缩进一个层次。

(3) if 分支语句：if 语句作为 for 循环体内部语句，所以缩进一个层次。

(4) "max = a[i];"语句：该语句是 if 的分支语句，如果条件成立，执行分支语句；如果条件不成立，该语句不被执行。

可以这样理解：如果语句是平齐的，则表示顺序执行；如果有缩进，则表示归属关系。比如 getMaxFromArray 函数里的语句属于该函数，其中的语句全部需要缩进一个层次，if 语句属于 for 语句，所以 if 语句整体需要缩进一个层次；"max = a[i];"属于 if 语句，所以该语句还要缩进一个层次。

正确的缩进能提高程序的可读性，但是错误缩进会让程序的逻辑与编程者的逻辑不一致，如：

```
if(a < b)
    a = b;
    b = 0;
```

这段程序采用的缩进，会让编程者或者阅读者误以为两条赋值语句都归属于 if 语句，就理解为，如果 b 大于 a，将 b 赋值给 a 并且 b 赋值为 0。而程序实际运行的逻辑为，如果 b 大于 a，将 b 赋值给 a，不管 if 条件是否成立，b 都要赋值为 0，因为 if 只能管制一条语句，除非使用{语句块}的形式。

正确的缩进是

    if(a < b)

        a = b;

  b = 0;

这种错误缩进导致的逻辑错误是初学者容易犯的，所以要注意语句的归属关系并进行正确缩进。另外，对于 if、while、for 等语句最好养成带花括号的习惯。

4．进行适当的程序注释

程序的注释能帮助阅读程序的人更快理解程序的含义。注释包括对类、函数、变量、算法、代码等的注释。Java 的注释形式主要有以下几种：

(1) 块注释，以"/*"开头，以"*/"结束，在"/*"和"*/"之间的代码都是注释代码，为多行注释，注释内容为绿色显示。

(2) 行注释，以"//"开头。例如：

    int n = a.length;   //n 表示 a 数组的长度

    for(i = 1; i < n;   i++) {   //从第二个元素开始遍历 int 数组

(3) 文档注释，以"/**"开头，以"*/"结束，一般一个类或接口对应一个文档注释。

本 章 小 结

1．Java 程序设计语言于 1995 年诞生，已经发展了 20 多年，是目前最为流行的面向对象编程语言之一，课程地位和市场地位都很重要，具有很高的学习价值。

2．Java 环境搭建主要有以下几个步骤：

(1) 下载并安装 JDK(Java Development Kit)软件；

(2) 设置环境变量；

(3) 安装集成开发环境软件，本书使用的是 JCreator。

3．Java 程序的新建，新建一个 Java 类文件，该文件中有一个与文件相同的类，而将该类中的 main 函数作为运行该文件入口函数，在该函数中编写 Java 语句。

4．Java 程序的运行，首先要将源文件(.java 文件)通过编译器编译为与平台无关的字节码文件(.class 文件)，然后通过解释器来解释执行字节码文件。

5．良好的 Java 编程风格能够增加程序的可读性，有利于程序的维护。编程风格主要包括以下几点：

(1) 有意义的命名；

(2) 驼峰式命名规则；

(3) 正确的代码缩进形式；

(4) 适当的程序注释等。

习 题 一

一、简答题

1. 简述 Java 发展的历史。
2. Java 语言有哪些特点？
3. Java 的程序是如何做到平台无关性的？
4. 什么是 JDK？什么是 IDE？
5. Java 程序的注释有哪几种方式？
6. Java 编程风格的规定主要有哪些？
7. 为什么要遵守 Java 的编程规范/风格？

二、操作题

1. 在网上查询涉及 Java 编程规范/风格的文档，进行阅读和归纳，并在后面的编程中按照编程规范进行编程，养成良好的 Java 编程风格。
2. 在电脑上下载并安装 JDK，设置环境变量，安装 JCreator 并检查是否安装和设置成功。
3. 熟悉 JCreator 的界面和基本操作。
4. 根据书中的提示，编写第一个 Java 程序，向显示器输出相应的字符串或者基本类型的数据。

第二章　Java 语言基础

本章学习内容：
- Java 的标识符与关键字
- Java 的八种基本数据类型
- Java 的运算符
- Java 数据类型转换
- Java 的标准输入/输出操作

2.1　Java 标识符与关键字

2.1.1　Java 标识符

标识符即在程序中给类、函数、变量等取的名字，它是能被编译器识别而在程序中不会冲突的名字。标识符的定义需要遵守以下规则：

(1) 标识符是由字母、"_"、"$"和数字组成的。
(2) 标识符以字母、"_"、"$"开头。
(3) 标识符不能与关键字同名。
(4) 标识符区分大小写，如 student 和 Student 是不同的标识符。

2.1.2　Java 关键字

关键字即 Java 语言本身提供的一种特殊的标识符，又称 Java 保留字，是被 Java 已经使用了的名字，在编程时不能使用这些名字。

Java 语言的关键字有 50 个，如表 2-1 所示。

表 2-1　Java 语言的关键字

abstract	assert	boolean	break	byte
case	catch	char	class	const
continue	default	do	double	else
enum	extends	final	finally	float
for	goto	if	implements	import
instanceof	int	interface	long	native

续表

new	package	private	protected	public
return	strictfp	short	static	super
switch	synchronized	this	throw	throws
transient	try	void	volatile	while

2.2 Java 数据类型

Java 基本数据类型源于 C 语言，与 C 语言有相同之处，同时也有很多差别。Java 共有八种基本数据类型，如表 2-2 所示。

表 2-2 Java 基本数据类型

数据类型	类型名	类型描述
byte	字节型	分配 1 个字节存储整数
short	短整型	分配 2 个字节存储整数
int	基本整型	分配 4 个字节存储整数
long	长整型	分配 8 个字节存储整数
char	字符型	分配 2 个字节保存一个字符
boolean	布尔型	保存逻辑真 true、逻辑假 false
float	单精度小数	保留 8 位有效数字的小数，分配 4 个字节
double	双精度小数	保留 16 位有效数字的小数，分配 8 个字节

2.2.1 整数类型

★与 C 语言的比较：

(1) Java 的整数类型有四种，即 byte、short、int、long，各类型在内存中分别占 1、2、4、8 个字节；C 语言只有 short、int 和 long 三种。

(2) Java 的各种整数类型均可保存正整数、负整数和 0。不同于 C 语言有 unsigned 的无符号的整数类型，Java 的整数都是有正、负数的，在 Java 中不能写成 "unsigned int a = 5;" 的形式。

整数类型变量定义与赋值：

程序示例 2-1 整数数据类型的变量定义与赋值。

程序段(BasicType1.java)

```
byte a = 28, b = -34;
short c = 1444, d = -454;
```

```
int x = -1, y = 1, z = 0;
long m = 123L, n = -123456789L;         long 型常量整数后面加 L 或 l
int a1 =123, a2 = 0173, a3 = 0x7B;
long a4 = 0X7BL;
System.out.println("a1 = " + a1);
System.out.println("a2 = " + a2);
System.out.println("a3 = " + a3);
System.out.println("a4 = " + a4);
```

程序结果：

```
General Output
-------------------------Configuration:
a1 = 123
a2 = 123
a3 = 123
a4 = 123

Process completed.
```

程序分析：

(1) 各种数据类型在内存中占用的字节数不同，因此保存的整数范围也不同，比如：

byte 类型占 1 个字节 8 位，范围为 $-2^7 \sim 2^7-1$。

short 类型占 2 个字节 16 位，范围为 $-2^{15} \sim 2^{15}-1$。

int 类型占 4 个字节 32 位，范围为 $-2^{31} \sim 2^{31}-1$。

long 类型占 8 个字节 64 位，范围为 $-2^{63} \sim 2^{63}-1$。

(2) 各种整数类型变量均能够保存八进制、十进制、十六进制整数数据，如十进制的 123 等于八进制的 173、十六进制的 7B：

$$(123)_{10}=(173)_8=(7B)_{16}$$

(3) 在语句 "int a1 =123, a2 = 0173, a3 = 0x7B;" 中，各变量的进制数的表达形式不同，八进制数常量以 0 开头，十六进制数常量以 0x 开头，但 a1、a2、a3 都是保存了 123 次计数，所以按十进制的方式输出都是 123。

2.2.2 字符类型

Java 与 C 一样，使用单引号将一个字符或者转移字符括起来作为字符常量。Java 可以定义一个字符类型变量，用来保存一个字符常量。

★ 与 C 语言的比较：

(1) C 语言的 char 类型，占 1 字节，采用 ASCII 编码方式，存放的字符个数为 256 个，不能存放中文字符；而 Java 的 char 类型，占 2 字节，采用的是 Unicode 编码，兼容 ASCII 码，并可以保存中文字符集。

(2) C 语言的一个转义字符如'\xhh'，其单引号中以 "\x" 开头，后面接 1~2 位的十六进制数，而在 Java 中则不可用 C 语言的这种形式 "char c = '\x61';"，应改成 "char c5 = '\u0061';" 的形式，以 "\u" 开头，后面接 1~4 位的十六进制数。

程序示例 2-2 字符类型数据的定义与赋值。

程序段(BasicType2.java)

```
char c1 = '国';
char c2 = 'a';
char c3 = 97;                     十进制数，表示字符的 ASCII 码，不建议这样写
char c4 = '\141';                 三位的八进制数表示的字符
char c5 = '\u0061';               四位的十六进制数表示的字符
//char c6 = '\x61';               //不兼容 C 语言这样的写法
System.out.println("c1 = " + c1);
System.out.println("c2 = " + c2);
System.out.println("c3 = " + c3);
System.out.println("c4 = " + c4);
System.out.println("c5 = " + c5);
```

程序结果：

```
General Output
-------------------Configuration: <Default>---
----------
c1 = 国
c2 = a
c3 = a
c4 = a
c5 = a

Process completed.
```

程序分析：

(1) $(97)_{10}=(141)_8=(61)_{16}$ 这几个数的数值相同，都是字符 'a' 的 ASCII 码值，只是进制形式不同，所以以字符形式输出全是 a 字符。

(2) 在单引号之间可以存放一个字符，或者转义字符。上面代码中的'\141'和'\u0061'都是转义字符。Java 中的转义字符基本和 C 语言的相同，如表 2-3 所示。

表 2-3 Java 的转义字符

转义字符	意　　义	ASCII 码值(十进制)
\b	退格(BS)，将当前位置移到前一列	008
\f	换页(FF)，将当前位置移到下页开头	012
\n	换行(LF)，将当前位置移到下一行开头	010
\r	回车(CR)，将当前位置移到本行开头	013
\t	水平制表(HT) (跳到下一个 Tab 位置)	009
\v	垂直制表(VT)	011
\\	代表一个反斜线字符('\')	092
\'	代表一个单引号(撇号)字符	039

转义字符	意 义	ASCII 码值(十进制)
\"	代表一个双引号字符	034
\0	空字符(NULL)	000
\ddd	1到3位八进制数所代表的任意字符	1～3位八进制
\uhhhh	1到6位十六进制所代表的任意字符	1～4位十六进制

注：区分斜杠('/')与反斜杠(\)，此处不可互换。

2.2.3 小数类型

小数类型(浮点类型)分为 float 单精度和 double 双精度两种。float 类型保留 8 位有效数字的小数，在内存中分配 4 个字节；double 类型保留 16 位有效数字的小数，在内存中分配 8 个字节。Java 和 C 语言一样都是近似地表示小数，精度越高越接近小数字面值，所以一般对于小数处理大多使用 double 类型。

程序示例 2-3 小数类型数据的定义、赋值与使用。

程序段(BasicType3.java)

```
    float f1 = 3.1415f;
    float f2 = -1.4567e2f;                    科学计数法：-1.4567×10 的 2 次方
    System.out.println("f1 = " + f1);
    System.out.println("f2 = " + f2);
    float f3 = 1.2f;
    double d1 = 1.2;
    if(f3 > d1)                               条件判断，分支语句
        System.out.println("f3 = " + f3);
    else
        System.out.println("d1 = " + d1);
```

程序结果：

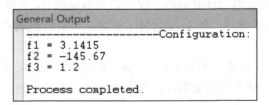

程序分析：

(1) 单精度的变量赋值只能用单精度的小数常量赋值(小数常量后面加 f)。

(2) 所有小数常量都是 double 类型的，所以可以直接赋值给 double 变量。

(3) f3 和 d1 都是赋值了小数 1.2，但是 f3 在 8 位之后就出现一些数字，如 1.20000014560145，而 d1 要到 16 位之后才出现其它数字，如 1.20000000000000，所以在

if 比较的时候 f3 要大于 d1。

2.2.4 布尔类型

Java 中有一个新的基本数据类型 boolean(布尔类型)，用于保存逻辑真和假。布尔类型只有两种取值，即 true 和 false，在内存中占 1 字节。

★ 与 C 语言的比较：

(1) C 语言中没有布尔类型变量，使用 0 和非 0 来代表逻辑假和逻辑真，所以任何合法的表达式都可以作为条件来使用。比如 if(a + b)是合法的：如果 a+b 的值等于 0，则条件为假，如果 a+b 的值为非 0，则条件为真。

(2) Java 可以定义布尔变量来保存 true、false，即 "boolean b = true;"，并且不允许使用数字来代表逻辑真或逻辑假，如 if(a + b)就是非法的，必须写成 if(a + b != 0)，作为 if 的条件只能是 boolean 变量、条件表达式或逻辑表达式。

2.2.5 引用变量

Java 的变量主要分为两类：基本数据类型变量和引用变量。基本数据类型在上面几节已经做了说明，Java 定义的变量除了基本数据类型之外，其它的都可以称为引用变量，例如 Java 预定义类变量、数组类型变量、用户自定义类变量等等。

例如：基本数据类型变量如 "int a;" "char c;" "double d;" "boolean b;" 等，引用变量如 "String s;" "int[] a;" "Student s;" "Animal an;" 等。

★ 与 C 语言的比较：

(1) C 语言中有个很重要的概念——指针，由指针带来的各种运算和操作使得 C 语言的程序灵活，效率高，但同时也会让程序变得复杂，可读性降低，容易出错。

(2) Java 中没有了指针这个概念，舍弃了指针的相关运算和操作，程序变得简洁易读，安全可靠。

Java 的引用变量源于 C 语言的指针变量，同样是保存内存地址，都是通过地址完成对内存数据的操作，但是二者之间有一定区别：

(1) 变量长度：C 语言的指针变量用于保存内存地址编号，长度为 int 的 4 个字节；Java 引用变量也用于保存内存地址，但 Java 封装了地址，可以转换成字符串查看，不必考虑其长度。

(2) 初始值：Java 引用变量的初始值为 Java 的关键字 null，表示该指针变量为空；C 语言的指针变量是 int，如不初始化指针，那它的值就是不固定的，没有初始化就进行指针操作是很危险的。

(3) 计算：Java 引用变量不可以进行内存地址的计算，使用更加安全可靠；C 语言的指针变量是 int，可以计算，如++、--以及地址变化等，使用较为灵活，但也容易出问题。

(4) 内存溢出：Java 引用变量的使用权限比较小，不容易产生内存溢出；C 语言的指针变量是容易产生内存溢出的，所以程序员要小心使用，及时回收。

2.3 Java 运算符

Java 的运算符来源于 C 语言，和 C 语言的运算符大体相同，略有区别。Java 的运算符如表 2-4 所示。

表 2-4　Java 运算符

优先级	运算符	运算符名称	结合性
1	( ) [ ] .	括号，下标运算，成员运算	
2	++ --	自增，自减	自右向左
3	~ ! -	按位取反，逻辑非，负号	自右向左
4	(类型)	强制类型转换	自右向左
5	* / %	算术乘、除、取余	自左向右
6	+ -	算术加、减	自左向右
7	<< >> >>>	移位运算符	自左向右
8	<<= >>= instanceof	关系运算，判断实例类型	自左向右
9	!= ==	关系运算，相等性判断	自左向右
10	&	按位与	自左向右
11	^	按位异或	自左向右
12	|	按位或	自左向右
13	&&	逻辑与	自左向右
14	||	逻辑或	自左向右
15	? :	条件运算	自左向右
16	= += -= *= 等	赋值运算	自左向右

★ 与 C 语言的比较：

(1) Java 取消了 C 语言的 sizeof() 运算符。sizeof() 用于求括号中的内容在内存中所占字节数。

(2) Java 新增了一个 instanceof 的运算，一般形式为

　　对象名 instanceof 类名；

用以判断左边的对象是否是右边类的实例，运算返回 true 或 false。

(3) Java 的关系运算和逻辑运算的结果为 boolean，即逻辑真或逻辑假，而 C 语言的关系运算或逻辑运算得到的结果是用整数 1 和 0 代表真和假。

程序示例 2-4　instanceof 运算符。

程序段(Operator1.java)

```
boolean b = "abc" instanceof String;
System.out.println(b);
```

程序分析：

判断字符串"abc"是否是 String 类的对象，结果为 true。

Java 运算符大多数与 C 语言中的基本相同，这里就不再一一赘述。在使用运算符构成表达式时，应该注意运算符的优先级别和结合性，不要把一个表达式写得过于复杂，可以将复杂的表达式分解成几步来完成，多使用括号来分隔表达式的优先运算，尽量让表达式简单、清晰易读。

2.4 Java 数据类型转换

一般情况下，进行运算的数据是要求类型一致的，而不同类型的基本数据在进行运算时有时就涉及类型转换。Java 的基本数据类型的转换有两种方式：自动类型转换与强制类型转换。

2.4.1 自动类型转换

Java 中的自动类型转换与 C 语言中的类似，系统支持某个基本数据类型直接赋值给另外一种数据类型，即称为自动类型转换。Java 的自动类型转换按照图 2-1 所示，当有两种不同数据类型运算时，左边的数据类型将会自动向右边的数据类型转换，然后进行运算。

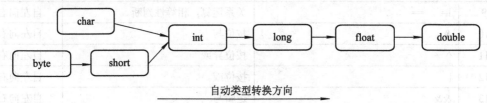

图 2-1　基本数据类型自动转换

程序示例 2-5　基本类型数据的自动类型转换。
程序段(TypeCast1.java)
```
char c = 'a';
int a = 10;
double d = 1.5;
boolean b = true;
System.out.println(c + a);
System.out.println(a + d);
// System.out.println(a + b);    //运算类型不一致
```
程序结果：

```
General Output
---------------------Configuration:
107
11.5

Process completed.
```

程序分析：

(1) 在语句"char c = 'a';"中，c 变量实质是保存'a'的 ASCII 码值 97；a+c 的运算，首先对 c 变量进行了自动类型转换，将 c 转换为整数 97 再和 a 的值运算得到 107。

(2) 在 a + d 运算中，a 的类型是 int，d 的类型是 double，按照图 2-1 所示，a 要先转换为 double 类型后才能和 d 进行运算得到 11.5。

(3) 基本类型 boolean 并没有在这个图中，所以不能够进行类型转换。不同数据是不能进行运算的，如 a+b 进行运算，就会出现错误提示："二元运算符 '+' 的操作数类型错误"。

2.4.2 强制类型转换

可以使用强制类型转换运算符即(类型名)来强制进行类型转换，以便进行同类型数据运算，但是要注意 Java 对类型要求较为严格，进行强制类型转换时一定要考虑是否可以转换，一旦转换失败就会导致程序异常终止。

程序示例 2-6 对基本类型数据进行强制类型转换。

程序段(TypeCast2.java)

```
int a1 = 349;                                   二进制：101011101
byte b1 = (byte)a1;
System.out.println("b1=" + b1);                 二进制： 01011101
int a2 = 477;                                   二进制：111011101
byte b2 = (byte)a2;
System.out.println("b2=" + b2);                 二进制： 11011101
double a3 = 97.153;
int b3 = (int)a3;
char c = (char)a3;
System.out.println("b3=" + b3);
System.out.println("c=" + c);
```

程序结果：

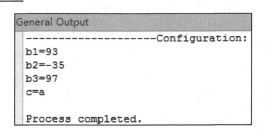

程序分析：

(1) 在语句"int a1 = 349;"中，a1 是 int 类型，在内存中占 4 个字节 32 bit，二进制表示形式为 101011101，左边补 0 补足 32 bit；将 a1 强制类型转换为 byte 类型赋值给 b1，b1 在内存中只占 1 个字节 8 bit，所以 a1 左边的 24 bit 被丢掉了，剩下后面 8 个 bit(01011101)，转换为十进制为 93，如图 2-2 所示。

(2) 在语句"int a2 = 477;"中，二进制形式为$(111011101)_2$，进行强制类型转换(byte b2=

(byte)a2;), 取低位的 8 bit 赋值给 b2, 即(11011101)$_2$, 最高位为 1, 所以 b2 为负数, 按照补码的规则, 11011101 减 1 取反得到 00100011→−35, 如图 2-2 所示。

(3) a3 是小数 97.153, (int)a3 强制转换为整数则丢掉小数部分得到 97; (char)a3 强制转换为 char 类型, 先丢掉小数部分得到 int 的 97, 再强制转换为 char, 得到字符'a'。

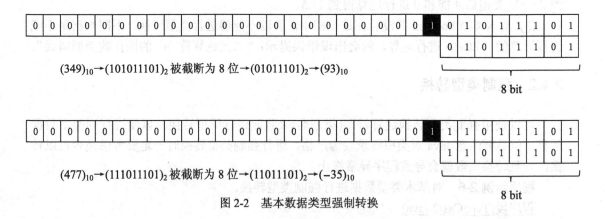

图 2-2 基本数据类型强制转换

2.5 Java 的标准输入/输出语句

2.5.1 Java 标准输出语句

Java 标准输出指的是将程序中的数据输出到显示器。在 JCreator IDE 中进行操作指的是将数据输出到 JCreator 软件的控制台(console), 该输出操作使用函数 System.out.println() 来完成。

程序示例 2-7 输出各种基本类型数据到控制台。

程序段(Output1.java)

```
short a = -47;
int b = 14;
float c = 3.14f;
double d = -14.154;
char e = '中';
boolean f = true;
System.out.println(a);
System.out.println(b);
System.out.println(a + b);
System.out.println(c);
System.out.println(d);
System.out.println(e);
System.out.println(f);
System.out.println("end!");
```

程序结果：

```
General Output
---------------------Configuration:
-47
14
-33
3.14
-14.154
中
true
end!

Process completed.
```

程序分析：

(1) 可以向 System.out.println()函数里放入字符串、各种基本数据类型及表达式，该函数能够将这些数据输出到控制台。

(2) System.out.println()函数括号里可以完成字符串拼接的操作("字符串"+各种基本类型数据)，即将这些基本类型数据转换为对应字符串形式拼接之后输出，如：

  int b = 14;

  System.out.println("b = " + b);

输出函数中"b = "是一个字符串，而 b 是一个 int 类型的数据，值为 14，该输出函数会将 int 的 14 转换为"14"，然后与前面的"b = "拼接为"b = 14"之后输出到控制台。

程序示例 2-8　System.out.println()函数的字符串拼接运算。

程序段(Output2.java)

  int a = 11;
  int b = 22;
  double c = 3.1415;
  boolean d = true;
  char e = '*';
  System.out.println("a = " + a + ", b = " + b);
  System.out.println("a + b = " + a + b);
  <u>System.out.println("a + b = " + (a + b));</u>　　　　　适当位置加括号，保证运算顺序
  System.out.println("output:" + a + b + c + d + e);

程序结果：

```
General Output
---------------------Configuration:
a = 11, b = 22
a + b = 1122
a + b = 33
output:11223.1415true*

Process completed.
```

2.5.2 Java 标准输入语句

Java 标准输入指的是从键盘将数据输入到程序中。Java 中用 System.out 来表示标准输出设备，如显示器；用 System.in 来表示标准输入设备，如键盘。可以使用 Scanner 类完成输入操作，使用该类对象联合 System.in 能够较为方便地完成从键盘输入数据到程序中。

首先，我们要创建一个 Scanner 的对象 sc：

  Scanner sc = new Scanner(System.in);

之后，可以通过 sc 的相关函数完成从键盘输入各类数据的操作，Scanner 类的常用方法如表 2-5 所示。使用这些方法从键盘输入数据的时候，要注意数据类型与方法的匹配，类型要一致，否则会有异常发生。

表 2-5　Scanner 类常用方法

方法	描述	方法	描述
nextByte()	输入一个 byte 类型整数	nextFloat()	输入一个 float 类型小数
nextShort()	输入一个 short 类型整数	nextDouble()	输入一个 double 类型小数
nextInt()	输入一个 int 类型整数	next()	输入字符串，以空格结束
nextLong()	输入一个 long 类型整数	nextLine()	输入字符串，以回车结束
nextBoolean()	输入 true 或 false 逻辑值		

程序示例 2-9　从键盘输入各类数据给程序相应的变量，并显示到控制台。

程序段(Iutput1.java)

```
import java.util.Scanner;
public class Input1 {
    public static void main (String[] args) {
        int a;
        double b;
        boolean c;
        char d;
        String e;
        Scanner sc = new Scanner(System.in);    //使用标准输入设备生成 Scanner 的对象
        a = sc.nextInt();                       //使用 Scanner 对象的成员方法完成键盘输入操作
        b = sc.nextDouble();
        c = sc.nextBoolean();
        d = sc.next().charAt(0);                //从键盘输入字符类型数据
        e = sc.nextLine();                      //从键盘输入一行字符串
        System.out.println("a=" + a);
        System.out.println("b=" + b);
```

```
            System.out.println("c=" + c);
            System.out.println("d=" + d);
            System.out.println("e=" + e);
    }
```
程序结果：

```
General Output
---------------------Configuration:
-21
3.1415
true
* abcdef
a=-21
b=3.1415
c=true
d=*
e= abcdef

Process completed.
```

程序分析：

(1) 使用 Scanner 类前要先进行导包操作。Scanner 类在 java.util 包里，所以在类定义之前要使用"import java.util.Scanner;"语句进行导包，然后就可以使用该类了。

(2) 程序运行到"a = sc.nextInt();"语句则停止，光标在控制台闪动等待用户输入，示例中输入-21 给 a 变量，输入 3.1415 给 b 变量，输入 true 给 c 变量，这些都是按照输入语句的顺序对应输入的，即可看到上述运行结果。

(3) 在 Scanner 中没有专门针对 char 类型输入的函数，可以通过 next()或者 nextLine()输入一个字符串，然后取字符串的第一个字符给 d 变量即可：

    d = sc.next().charAt(0);　　　　//输入字符串的第一个字符(下标为 0)

(4) 使用"e = sc.nextLine();"语句将一个字符串赋值给字符串对象 e，然后用回车结束。

★ 与 C 语言的比较：

(1) C 语言的基本程序组织单位是函数，将不同函数分类放在各个头文件中，如数学函数 math.h、字符串处理函数 string.h、常用函数 stdio.h 等，然后使用包含语句，如#include <string.h>包含了 string.h 头文件，之后的程序就可以使用该文件里的字符串处理函数。

(2) Java 基本的程序组织单位是类，在一个类中有多个成员函数，将多个类文件分类放在不同的包(文件夹)中，通过导包语句"import java.util.Scanner;"或者"import java.util.*;"就可以使用包中的类和类里的成员函数。

程序示例 2-10　从键盘输入一个圆柱体的半径和高，求其面积和体积。

程序段(Iutput2.java)
```
        import java.util.*;
        public class Input2 {
            public static void main (String[] args) {
                double pi = 3.1415926;
                Scanner sc = new Scanner(System.in);
```

```
            double r,h;
            System.out.println("请输入圆柱体的半径(cm):");
            r = sc.nextDouble();
            System.out.println("请输入圆柱体的高(cm):");
            h = sc.nextDouble();
            System.out.println("--------1--------");
            System.out.println("圆柱体的表面积为:" + (2*pi*r*r + 2*pi*r*h) + "(cm2)");
            System.out.println("圆柱体的体积为    :" + (pi*r*r*h) + "(cm3)");
            System.out.println("--------2--------");
            System.out.printf("圆柱体的表面积为:%.2f(cm2)\n", (2*pi*r*r + 2*pi*r*h));
            System.out.printf("圆柱体的体积为    :%.2f(cm3)\n" , (pi*r*r*h));
        }
    }
```

程序结果：

```
General Output
------------------Configuration: <Default>--
请输入圆柱体的半径(cm) :
4
请输入圆柱体的高(cm) :
12
--------1--------
圆柱体的表面积为:402.1238528(cm2)
圆柱体的体积为    :603.1857792000001(cm3)
--------2--------
圆柱体的表面积为:402.12(cm2)
圆柱体的体积为    :603.19(cm3)

Process completed.
```

程序分析：

"System.out.println();"函数的输出不能控制小数点的输出保留位数，可以使用 Java 的格式化输出语句"System.out.printf("a=%6.2f\n" , a);"，这个语句类似于 C 语言中的 printf 函数。该句程序的意思是：将 double 变量 a 按照小数形式输出，占 6 个字符，小数四舍五入，保留 2 位，不足六位的左边补空格。

本 章 小 结

1. Java 语言定义的变量，其类型分为两类：基本数据类型和引用数据类型。

2. Java 的基本数据类型主要有八种，即 byte、short、int、long、char、boolean、float 和 double，要注意与 C 语言的比较：

(1) Java 的整数都能保存正、负数，没有无符号整数类型。

(2) Java 新增了 boolean 类型，对于逻辑类型数据的处理更加严谨。

(3) Java 的 char 类型数据占 2 个字节，使用的是 Unicode 编码。

3. Java 的引用数据类型变量，保存的是内存地址，类似于 C 语言中的指针变量，但是有一定的区别。

4. Java 的运算符与 C 语言的有很多相同的地方，也有不同之处，例如取消了 C 语言的 sizeof()，新增了 instanceof()等。

5. Java 对于类型的控制更加严格，在运算时尽量保持数据类型一致，Java 同样具有自动类型转换和强制类型转操作。

6. Java 使用 System.out.print()以及 System.out.println()函数来完成标准输出。可以将字符串、基本数据类型、表达式等放入上述函数中，函数将这些数据转换为字符串形式，输出到显示器。

7. 采用 Scanner 类和 System.in 生成 Scanner 对象，通过其对象的各个成员方法，能够从键盘输入不同数据(整数、小数、布尔值、字符以及字符串)给程序中的变量。

习 题 二

一、简答题

1. Java 有哪些基本数据类型？这些基本数据类型与 C 语言有哪些不同之处？
2. 单精度浮点型(float)和双精度浮点型(double)的区别是什么？
3. Java 语言对于字符类型数据采用哪种编码方案？有何特点？
4. Java 有哪些类型转换方法？它们是怎么转换的？
5. Java 有哪些运算符？其优先级别和运算结合性是怎么样的？
6. 计算表达式 $x + a\%3 * (int) (x + y)\%2/4$ 的值，设 $x = 2.5$, $a = 7$, $y = 4.7$。
7. "System.out.print();"以及"System.out.println();"语句的功能是什么？有什么区别？
8. 如何使用 Scanner 类来完成键盘输入操作？该类对象有哪些成员方法？作用是什么？

二、操作题

1. 写出下列语句运行的结果：
   System. out.println(5 + "" + 10);
   System. out.println(5 + 10 + " " + 5);
   System. out.println("result= " + 5 + 10);
   System. out.println("result= " + (5 + 10));
2. 写出下列语句运行的结果：
   int i = 3, j=6;
   System.out.println(i++ * j++);
   System.out.println("i=" + i);
   System.out.println("j=" + j);
3. 写出下列语句运行的结果：
   boolean flag = false;
   System.out.println(flag = true);

System.out.println(flag == true);
System.out.println(flag != true);

4. 说明下列语句的输出结果：
    System.out.println("This character" + 'A' + "has the value :" + (int) 'A');
5. 定义各个整数类型变量，进行赋值，然后输出。
6. 从键盘输入一个小数，将该小数的整数部分和小数部分分别输出。
7. 从键盘输入一个圆锥体的高和半径，输出该圆锥体的面积和体积。

第三章 Java 面向过程编程

本章学习内容：
- ◇ Java 面向过程编程思想
- ◇ Java 的顺序结构
- ◇ Java 各种分支结构：单分支、双分支和多分支
- ◇ if 语句和 switch 语句
- ◇ Java 的循环结构：while、for 和 foreach 循环
- ◇ 循环的控制语句：break 和 continue
- ◇ Java 的顺序、分支、循环结构的嵌套
- ◇ 函数定义与函数调用
- ◇ Java 帮助文档的使用

面向过程编程(Procedure Oriented Programming)最为典型的就是 C 语言，它是以过程为中心的结构化编程语言。面向过程最重要的是结构化的思想方法，将一个问题分解为若干步骤，使用模块化、结构化的方法进行解决和编程实现。

Java 来源于 C 语言，同样有面向过程的编程，以及具有顺序、分支和循环三种结构。要求掌握这几种结构以及结构的嵌套，会采用结构化的编程方式来解决面向过程的问题，因为它们是 C 语言的核心，同时也是 Java 的重要基础，这部分需要进行大量的编程训练才能掌握。

3.1 Java 的顺序结构

面向过程编程中，我们采用结构化的方式进行编程，每个结构具有一个入口和一个出口，按照解决问题的步骤一个一个结构顺序地执行，直到程序结束。这些结构内部包括各种基本语句，比如定义变量、变量赋值、分支、循环、输入/输出等，或者包括这些语句的嵌套。

相对于分支结构和循环结构，顺序结构主要是指定义变量、变量赋值、表达式运算、输入/输出等语句。这里用一个 C 语言的程序示例来说明。该程序的功能是求两个正整数的最大公约数。过程描述：从键盘输入 2 个整数，判断是否为正数，如果否，则结束函数，返回 0；如果都为正数，则使用循环结构来求两个数的最大公约数，最后输出结果。

程序示例 3-1 从键盘输入两个整数，求这两个数的最大公约数(C 语言程序)。
程序段(CommonDivisor.c)

· 34 ·　Java 程序设计基础

```
int main(){
    int m,n,i;                              1
    scanf("%d",&m);                         2
    scanf("%d",&n);                         3
    if(m<=0 || n<=0)                        4
        return 0;
    for(i=m;i>=1;i--)                       5
        if(m%i==0 && n%i==0)
            break;
    printf("result:%d\n",i);                6
    return 0;                               7
}
```

结构1：定义变量

结构2：给 m 赋值

结构3：给 n 赋值

结构4：分支语句
　　return 语句

结构5：循环语句
　　if 分支语句
　　　break 语句

结构6：输出结果

结构7：return 语句

程序分析：

(1) 该程序共有 7 个结构语句，每个结构有一个入口、一个出口，按顺序从上向下运行，直到 main 函数中所有的结构运行完毕。

(2) 一个结构内部还可以嵌套其它结构，内部的结构之间也是按顺序执行，不能破坏程序的结构性。

(3) Java 的面向过程编程和 C 一样是结构化的编程思想，对于上述求最大公约数的程序，Java 的程序基本没有变化，只是 Java 的输入/输出等语句与 C 语言不同。

★ **与 C 语言的比较：**

(1) C 语言的变量定义都要在程序开始处，而 Java 可以在程序需要的地方定义变量。

(2) C 语言的输入/输出使用 scanf() 和 printf()，而 Java 的输入使用 Scanner 类对象及相应的成员函数进行，输出使用 System.out.println()。

(3) C 语言的 main 函数使用 return 语句来结束函数运行，而 Java 使用 "System.exit(0);" 语句来终止程序。

程序示例 3-2　从键盘输入两个整数，求这两个数的最大公约数(Java 程序)。

程序段(CommonDivisor.java)

```
import java.util.*;
public class CommonDivisor {
    public static void main (String[] args) {
        Scanner sc = new Scanner(System.in);
        int m = sc.nextInt();
        int n = sc.nextInt();
        if(m<=0 || n<=0)
            System.exit(0);                     如果 m 或 n 小于 0，退出程序
        int i;
```

```
        for(i=m;i>=1;i--)                      使用循环寻找最大公约数
            if(m%i==0 && n%i==0)
                break;
        System.out.println("result:" + i);
    }
  }
}
```
程序结果：

```
General Output
--------------------Configuration:
35
14
result:7

Process completed.
```

3.2 Java 的分支结构

分支结构主要有单分支、双分支和多分支三种结构，程序运行到该结构时根据分支条件来判断走哪条"路"：

(1) 单分支：分支条件成立，执行分支语句，否则不执行。
(2) 双分支：分支条件成立，执行第一条分支语句，否则执行第二条分支语句。
(3) 多分支：从第一个分支条件开始自上向下判断分支条件，哪个分支条件成立就执行哪条分支语句，然后退出整个多分支结构。

3.2.1 if 语句

if 语句的三种结构形式如下：
(1) 单分支结构：

```
if(分支条件)
    语句/语句块;
```

(2) 双分支结构：

```
if(分支条件)
    语句/语句块 1;
else
    语句/语句块 2;
```

(3) 多分支结构：

```
if(条件 1)
    语句/语句块 1;
else if(条件 2)
    语句/语句块 2;
else if(条件 3)
    语句/语句块 3;
…
else if(条件 n-1)
    语句/语句块 n-1;
else
    语句/语句块 n;
```

下面以双分支的 if-else 结构为例进行说明，图 3-1 是双分支结构的流程图，程序从 a 进入到该结构碰到分支条件，当条件为真时执行 S2 语句(或语句块)，条件为假时执行 S1 语句(或语句块)，不管执行哪条语句，都要从 b 出口退出该分支结构。简单来说就是条件为真走 S2 这条"路"，条件为假走 S1 这条"路"，S1 和 S2 这两条路，只能选择一条。

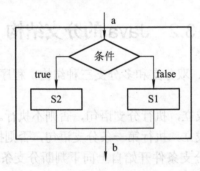

图 3-1 选择结构

分支条件说明：
(1) 条件可以由关系表达式、逻辑表达式或布尔逻辑变量等构成。
(2) 关系表达式是由==、!=、<、>、>=、<=等这些关系运算符连接起来的运算式。
(3) 逻辑表达式是由逻辑非(!)、逻辑与(&&)、逻辑或(||)三个逻辑运算符连接起来的运算式。

各运算符的优先级别为：
　　!>算术运算符>关系运算符>&&>||>赋值运算符

(4) && 和 || 运算符的结合性是从左到右。
　　(表达式 1)&&(表达式 2)若表达式 1 为假，则表达式 2 不会被运行
　　(表达式 1)||(表达式 2)若表达式 1 为真，则表达式 2 不会被运行
(5) 0<x<10 在数学中表示 x 大于 0 且小于 10，但是在程序中表达这个条件时应该写为 x>0 && x<10

程序示例 3-3 从键盘输入一个整数，根据整数的正负输出对应字符串。

程序段(IfDemo1.java)
```
import java.util.*;
public class IfDemo1 {
    public static void main (String[] args) {
        Scanner sc = new Scanner(System.in);
        int m = sc.nextInt();
        if(m > 0){                                              分支条件
            System.out.println("m 是正数");                      分支语句1
        }else{
            System.out.println("m 是负数");                      分支语句2
        }
    }
}
```

程序结果：

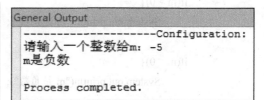

但是当我们输入 0 时，结果 m 是负数。

```
General Output
--------------------Configuration:
请输入一个整数给m: 0
m是负数

Process completed.
```

程序分析：

m 为 0 时，程序执行到条件 if(m > 0)，0 > 0 这个关系表达式运算结果为假 false，不走第一条"路"（即不执行语句1）；走第二条"路"(执行语句 2)，所以得到的结果是负数。这段程序在逻辑上没有把整数的三种情况包含进去，所以导致程序具有漏洞(bug)。

这时可以使用多分支结构 if-else if。

程序示例 3-4 从键盘输入一个整数，根据整数的值输出正数、负数或 0。

程序段(IfDemo1.java)
```
import java.util.*;
public class IfDemo1{
    public static void main(String[] args) {
        Scanner sc = new Scanner(System.in);
        System.out.print("请输入一个整数给 m：");
        int m = sc.nextInt();
```

```
if(m > 0){
    System.out.println("m 是正数");           分支语句 1
}else if(m < 0){
    System.out.println("m 是负数");           分支语句 2
}else{
    System.out.println("m 为 0");             分支语句 3
}
```

程序分析：

(1) if-else if 结构可以完成多分支条件，else if(条件)可以有多个，如上述的三个分支是按顺序进行判断，如果满足某个条件就进入该分支，执行完该分支语句就退出整个分支结构；如果不满足该条件，就继续判断下一个条件。

(2) 也可以将上述 if-else if 三分支结构写成三个单分支结构：

```
if(m > 0){
    System.out.println("m 是正数");
}
if(m < 0){
    System.out.println("m 是负数");
}
if(m == 0){
    System.out.println("m 为 0");
}
```

或者进行分支的嵌套：

```
if(m > 0){
    System.out.println("m 是正数");
}else{
    if(m < 0) {
        System.out.println("m 是负数");
    }else{
        System.out.println("m 为 0");
    }
}
```

(3) 不管使用哪种分支结构，程序的逻辑要正确，不要有漏洞。if 只能管制一条语句，可以使用花括号将多条语句构成一个{语句块}归属 if 管制，if 和 else 后面固定使用{ }包围分支语句(不管是一条还是多条)是一个良好的编程习惯。

3.2.2 switch 语句

Java 与 C 语言一样可以使用 switch 的多分支结构，switch 语句的一般形式如下：

```
switch(表达式)
{
    case 值 1：子句 1；break；
    case 值 2：子句 2；break；
    …
    case 值 n：子句 n；break；
    default：子句 m；
}
```

switch 语法说明：

(1) switch 语句中的表达式类型只能是 byte、short、int、char 和枚举等类型，在 JDK 1.7 后可以有 string 表达式类型。

(2) case 后面的值 1、值 2、…、值 n 必须是整型、字符型常量以及字符串，各个 case 后面的常量值不能相同。

(3) switch 语句的主要流程是把表达式的值依次与各个 case 子句中的值比较，如果值相等，表示匹配成功，找到对应的分支，执行该 case 后面的子句。

(4) 可以把 switch 后面的表达式看成选路的依据，case 后面的值是分支路径的路标，如果表达式的值与路标相同，表示找到了分支路径，开始执行该路径下的语句。

(5) 一般在每条分支最后都有 break 语句，作用是执行完一个 case 分支后，使程序跳出 switch 语句，不再执行其它语句；如果某个子句后不使用 break 语句，则继续向下执行后面的语句，直至碰到下一个 break 或运行到 switch 的右花括号结束。

(6) 关于 default 语句，当 switch 表达式的值与所有 case 语句中的值都不匹配时，就会找到 default，开始执行 default 分支的语句。

程序示例 3-5 从键盘输入一个百分制成绩，根据分数的值输出该分数所在等级。
程序段(SwitchDemo1.java)

```
System.out.println("请输入您的成绩(0-100)：");
Scanner sc = new Scanner(System.in);
int score = sc.nextInt();
switch (score/10) {                    选路表达式
    case 10:
    case 9:                            如果选路表达式的值为 10 或 9，从这里进入
        System.out.println("优秀");
        break;                         执行完该分支就退出整个 switch 结构
    case 8:
        System.out.println("良好");
        break;
    case 7:
        System.out.println("中等");
        break;
    case 6:
```

```
                System.out.println("及格");
                break;
    case 5:     case 4:     case 3:     case 2:     case 1:     case 0:
                System.out.println("不及格");
                break;
    default :                                    如果所有 case 都不匹配，进入该分支
                System.out.println("输入错误！");
```

程序结果：

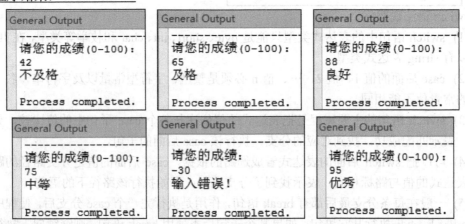

程序分析：

(1) switch 是用表达式的值匹配 case 的方式来选择分支，输入的百分制整数成绩有 102 中可能性，即 0～100 有 101 个值，加上 0～100 之外的值；对应着输出的"路"有 6 条，即优秀、良好、中等、及格、不及格和输入错误。

(2) switch 表达式的值为 score/10，整数与整数运算，结果还是整数(小数是不能进行匹配选路的)，score/10 的处理可以将可能的分数值从 102 种可能缩小为 12 种。

(3) case 语句相当于这些分支路径的路标，如果 switch 表达式的值与路口的路标匹配(值相等)就要从这条路进去。可以在一条路的路口设立多个路标，只要 switch 表达式的值与其中一个路标相等，就可以进入这条路，这样能减少代码的重复。按这个思路，可以将 12 个路标按题目要求插在这 6 条路的路口上。如在不及格的分支路径上可以设立 6 个路标：

```
    case 5:    case 4:    case 3:
    case 2:    case 1:    case 0:
                                                      多个"路标"
            System.out.println("不及格");
            break;                                    该分支有两条语句
```

(4) 每条分支最后有"break;"语句，表示执行完该分支的语句后就需要退出 switch 结构；但有时候某些分支的最后没有"break;"语句，这也是一种编程技巧。

3.3 循环结构

如果希望一些语句在程序中能够被反复执行，则可以使用循环结构。

循环结构示意图如图 3-2 所示,当满足循环条件时就执行循环语句,执行完循环语句后,再进行条件判断,如果条件还为真,则继续执行循环语句,直到条件为假时退出循环体。

如果循环结构每次判断循环条件都为真,就会出现死循环的情况,程序需要避免死循环的情况,所以每次循环都要向循环条件为假的方向发展。比如条件为 i <= 10,变量 i 初始值为 1,每次循环 i 加 1,这样 i 从 1 变化到 11 退出循环,循环体语句就被执行了 10 次;当 i 为 11 时,条件不成立,退出循环。(注:这里我们称 i 为步进变量,即每次循环走一步变化。)

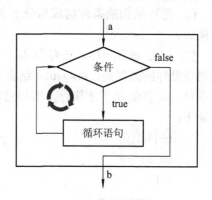

图 3-2 循环结构

3.3.1 while 循环结构

while 循环结构,又称为当型循环:当条件成立时,进入循环体;当条件不成立时,退出循环体。当型结构如图 3-2 所示,一般结构形式如下:

```
while(循环条件)
    循环体语句;
```

程序示例 3-6 将 i 变量反复加入到 sum 中,完成 1+2+3+…+10 求和。

程序段(WhileDemo1.java)

```
    int i = 1;
    int sum = 0;
    while(i <= 10){                                         循环条件
        sum = sum + i;
        i++;                                                步进变量变化
        System.out.println("i = " + i);
    }
    System.out.println("sum = " + sum);
```

程序结果:

```
General Output
--------------------Configuration:
i = 2
i = 3
i = 4
i = 5
i = 6
i = 7
i = 8
i = 9
i = 10
i = 11
sum = 55

Process completed.
```

程序分析:

(1) i 的初始值为 1,满足循环条件 i<=10,进入循环体,每次循环体语句将 i 加入到 sum

变量中,然后执行"i++;"语句;每次循环 i 加 1,向循环条件为假的方向变化,直到 i 变成 11,11<=10 不成立,循环结束,输出 sum 的值。

(2) 循环结构的条件构成与分支条件一样,即由关系表达式、逻辑表达式或者逻辑变量构成。

(3) 与 C 语言一样,还有个 do-while 结构,是先执行循环体,然后再判断循环条件。与当型循环的区别是,do-while 结构中,循环体语句至少要执行一次,而当型循环是先判断条件,条件满足了才执行,所以可能一次循环体都不执行。上述程序改为 do-while 循环如下:

```
int i = 1;
int sum = 0;
do{
    sum = sum + i;
    i++;
    System.out.println("i = " + i);
} while(i <= 10);
System.out.println("sum = " + sum);
```

3.3.2　for 循环结构

如果清楚知道循环次数,或者循环的步进变化很明确,这时使用 for 循环更为方便。从 for 循环的头部就能很直观地读出循环的次数,其结构形式如下:

```
for(表达式 1; 循环条件; 表达式 2)
    循环语句;
```

for 循环的结构如图 3-3 所示。for 循环结构与 while 循环结构是可以相互转换的,具体使用时可视其方便性来选择。

程序示例 3-7　将 i 变量反复加入到 sum 中,完成 1+2+3+…+10 求和。

程序段(ForDemo1.java)

```
public static void main(String[] args) {
    int sum = 0;
    for(int i = 1; i <= 10; i++) {
        sum = sum + i;
        System.out.println("i = " + i);
    }
    System.out.println("sum = " + sum);
}
```

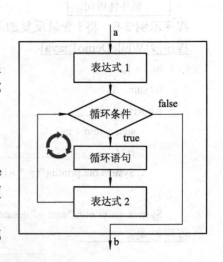

图 3-3　for 循环结构

程序结果：

```
General Output
--------------------Configuration:
i = 1
i = 2
i = 3
i = 4
i = 5
i = 6
i = 7
i = 8
i = 9
i = 10
sum = 55

Process completed.
```

程序分析：
(1) 表达式 1 (int i = 1;)在 for 结构中，只被运行一次，一般用于对变量的初始化。
(2) 循环条件 (i <= 10;)用于判断是否进入循环，条件表达式运算为 true，进入循环体；为 false，退出整个循环结构。
(3) 循环语句即循环体里需要反复执行的语句，可以是一条语句，也可以是一个语句块。
(4) 表达式 2(i++)实际是循环体的最后一句，执行完循环体语句之后就会执行表达式 2，然后继续判断循环条件是否成立。
(5) 步进变量 i 具有很明确的步进变化，从 1 变到 10，共 10 次循环，但是一定要注意在循环体中不要轻易对 i 进行赋值，否则就会打乱 i 的步进变化。
思考：while 循环和 for 循环的程序输出结果为什么不同？

3.3.3 循环控制语句

break 语句："break;"如果在循环体中被执行，则退出整个循环结构；在多层嵌套循环中被执行，则只能跳出本层循环结构。
continue 语句："continue;"如果在循环体中被执行，表示本次循环结束，进入下一次循环。
break 语句和 continue 语句在循环体中出现时一般都需要放入一个 if 分支结构中，即在某个条件成立时，break 语句用于退出所在循环，continue 语句则结束本次循环而继续下一次循环。

3.4 结构嵌套

结构嵌套主要指的是顺序结构、分支结构和循环结构语句相互嵌套，比如在循环结构中有循环结构，循环结构中有分支结构，分支结构中有循环结构等，如何正确地完成这些结构的嵌套呢？这需要根据解决问题的算法来进行，在编程之前需要对问题进行解读，对算法进行分解，分解的步骤逻辑要正确，思路要清晰，从而才能规划好程序的结构，有条不紊地进行编程。分解好算法步骤之后要用正确的语法来实现这些步骤，并通过运行、调试解决程序中出现的问题，直到得到正确的程序。

下面通过以下示例来说明。

程序示例 3-8 从键盘输入一个正整数 n(n>2)，求小于 n 的所有素数之和。

如图 3-4 所示，对这个问题进行算法分解，将程序分为两个主要结构：1 是如何判断一个数是否为素数，2 是一个循环结构，对 2～n−1 所有的数依次进行判断。首先要能完成 1 结构，然后将 1 结构嵌入到 2 循环结构中。下面我们将依次完成这个程序。

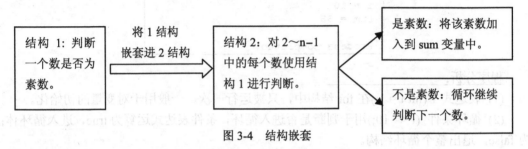

图 3-4 结构嵌套

(1) 判断一个整数 k 是否为素数的程序段(结构 1)。

程序段 1(NestedStructure1.java)

```
boolean b ;
b = true;
for(int i = 2; i<k; i++) {          循环：从 2 到 k−1
    if(k % i == 0){                 循环中嵌套分支，对循环的每一个 i 判断是否能整除
        b = false;
        break;                      如果分支条件成立，则 b 为 false，并退出循环
    }
}
```

程序分析：

① 判断 k 是否为素数的基本算法：如果 2～k−1 这些数都不能被 k 整除，k 就是素数；2～n−1 中只要有一个数被 k 整除，k 就不是素数。

② 分析这个算法，可以知道用 k 来和 2～n−1 中的每个数进行取余操作，只要有一次被 k 整除即可判断 k 不是素数；但是要判断 k 是否为素数就要等到循环结束，当所有的取余操作都不为 0 时才能得出结论。

③ b 的初始值为 true，在循环里只要有一次整除情况发生，就可以下结论 n 不是素数，即 b = false，并使用"break,"退出循环；如果整个循环结束，if 分支条件一次都没有成立，则 b 就没有被赋值为 false，当循环退出时 b 还是原来的值 true，所以在循环结束之后使用 b 的值来判断 k 是否为素数：b 为 true 则 k 是素数，b 为 false 则 k 不是素数。

(2) 求小于 n 的所有素数之和(结构 2)

将上述程序段 1 嵌入到 2～n−1 循环中，重新分配变量。现在是对 2～n−1 中的每个数

i 进行判断，如果是素数则加入到 sum 中，否则循环继续。

```
for(int i = 2; i<n; i++) {
    //程序段 1
    if(b == true){
        sum = sum + i;
    }
}
```

> 将判断素数的程序段，嵌入到 2~n-1 的循环中，每次循环对 i 判断是否为素数

程序段 2(NestedStructure1.java)

```
int n, i;
int sum = 0;
boolean b;
Scanner sc = new Scanner(System.in);
System.out.println("请输入一个大于 1 的正整数：");
n = sc.nextInt();                              //从键盘输入一个整数给 n
for (i = 2; i<n; i++) {
    b = true;
    for(int j = 2;j≤i; j++) {
        if(i % j == 0){
            b = false;
            break;
        }
    }
    if(b == true){                             //根据 b 判断 i 是否为素数
        sum = sum + i;
    }
}
System.out.println("sum=" + sum);
```

> 程序段 1
> 嵌入到循环结构

程序结果：

```
General Output
---------------------Configuration:
请输入一个大于1的正整数：
10
sum=17

Process completed.
```

程序分析：

① 外层循环的 i 是从 2 变化到 n-1，每次循环使用前面的结构 1 来对 i 进行判断是否为素数，如果是就加入到 sum 变量，否则循环继续(i=i+1)。

② 要注意在外层循环中每次 b 都要赋值 true，然后使用内层循环来判断是否有整除情况，一旦整除，b 就为 false，退出内层循环。

③ 循环嵌套时一般外层使用 i 变量，内层使用 j 变量，要注意外层循环的 i 和内层循环的 j 变化的情况。

3.5 函　数

3.5.1 函数的定义与调用

在面向过程编程中，函数是非常重要的。如何定义和调用函数，对于 C 语言和 Java 都是必须掌握的重要知识点。

函数定义时要注意的三个要素(图 3-5)：
(1) 函数参数：调用该函数时要传入什么数据。
(2) 函数返回值类型：函数调用结束，返回一个什么类型的数据。
(3) 函数体：代表了该函数要完成的任务或提供的功能。

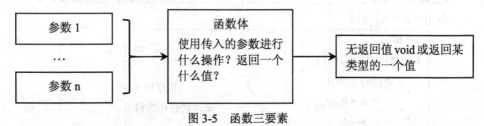

图 3-5　函数三要素

可以将上一节判断一个数是否为素数的结构 1 程序，写成一个函数 isPrime，声明为
　　public static boolean isPrime(int n)

说明：
(1) main 函数如果要直接调用该函数，该函数也需要 static 修饰。
(2) 该函数传入一个正整数 n，用于判断该 n 是否为素数。
(3) 该函数返回值为布尔类型，返回 true 则表示 n 是素数，返回 false 则表示 n 不是素数。
(4) 函数体功能如函数名 isPrime 所示，用以判断某个数是否为素数。

程序示例 3-9　从键盘输入一个正整数 n，求小于 n 的所有素数之和(函数调用形式)。
程序段(NestedStructure2.java)

```
    public static boolean isPrime(int n){          自定义函数用于判断 n 是否为素数
    boolean b = true;
        for(int i = 2; i < n; i++) {
            if(n % i == 0){
                b = false;
                break;
            }
        }
        return b;                                  返回布尔值表示是否为素数
```

```
        }
    public static void main(String[] args) {          main 函数将调用 isPrime 函数
        int n, i;
        int sum = 0;
        boolean b;
        Scanner sc = new Scanner(System.in);
        System.out.println("请输入一个大于 1 的正整数：");
        n = sc.nextInt();
        for (i = 2; i<=n; i++) {
            b = isPrime(i);                使用函数 isPrime 对 i 判断是否为素数
            if(b == true){
                System.out.println("i=" + i);
                sum =   sum + i;
            }
        }
        System.out.println("sum=" + sum);
    }
```

程序结果：

```
General Output
---------------------Configuration:
请输入一个大于1的正整数：
15
i=2
i=3
i=5
i=7
i=11
i=13
sum=41

Process completed.
```

3.5.2 Java 函数与帮助文档

Java 中的函数分为两类：第一类是用户自定义函数：如上一节的 isPrime 函数，由用户自己根据程序需要进行编写；第二类是 Java 预定义函数，类似于 C 语言的库函数，但 Java 预定义函数要比 C 语言的库函数覆盖面更广，数量更多。

Java 初学者必须学会如何写函数，同时也要学会查询 Java 预定义的函数并使用它们来构建程序。编者建议初学者下载"JDK API1.6 中文帮助文档"，这个文档能够帮助查询和了解有哪些 Java 预定义的类和函数以及如何使用。JDK1.7 和 JDK1.8 的帮助文档可以在以后的学习中再了解，英文好的读者也可以下载英文版查看。

1. Java 编程接口

应用程序编程接口(Application Programming Interface，API)是一组预定义函数总和，目的是提供应用程序，以方便开发人员访问这些函数的声明和功能，而无需访问源码或理解内部工作机制的细节。Java 具有一个很庞大的 API，Java 程序员能够使用这些函数来构建自己的程序，减轻工作量。

对于 C 语言编程者而言，很多函数都需要自己编写，一砖一瓦地搭建程序，工作量很大，也容易出错；但对于 Java 编程者而言，Java 提供了庞大的类库和函数，这些函数提供了相应的功能，只需要"拿来"使用即可，所以需要知道如何使用 API 帮助文档查询这些函数，以在程序中调用它们来构建自己的程序。

打开 JDK1.6 API 帮助文档，如图 3-6 所示。

图 3-6　JDK 帮助文档

2. 包和类的概念

Java 的基本程序组织单位是类，类中可以有多个函数(成员方法)。由于 Java 编程面向各个领域，预定义的类非常多，JDK1.6 版本大概有 3700 多个类。为了方便管理这么多类，这些类被分类放在不同的包中，包就是文件夹。比如 java.io 包，就是 java/io 文件夹，其中有与 Java 输入/输出相关的类 80 多个，如 File 文件类、FileReader 文件输入类、FileWriter 文件输出类、BufferedReader 带缓冲的输入类、BufferedWriter 带缓冲的输出类等等，这些类中有很多成员函数，提供了相应的函数功能供程序员使用。

点击图 3-6 的"显示"按钮，可以展开"索引"和"搜索"选项卡，其中用的比较多的是"索引"，在"索引"中输入想要查询的类名，找到类才能找到想要找的函数，如图 3-7 所示。

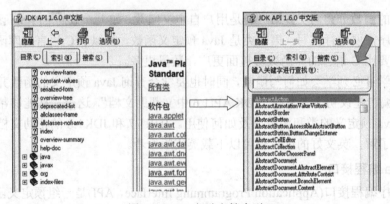

图 3-7　JDK 帮助文档索引

3. 帮助文档的使用

以字符串类 String 为例(该类在后面要详细说明)，输入 String 后点击进入，可以看到对 String 类的描述，如图 3-8 所示。

图 3-8 查询 String 类

双击左边的 String，右边出现 String 类的具体描述，向下拉动右边的滚动条，可以看到对字符串处理的函数说明在"方法摘要"里，如图 3-9 所示。"方法摘要"表格左边是函数的返回值类型，右边是函数的参数、函数名和函数的功能说明。下面以第一个和最后一个函数为例说明如何查询和使用这些方法。

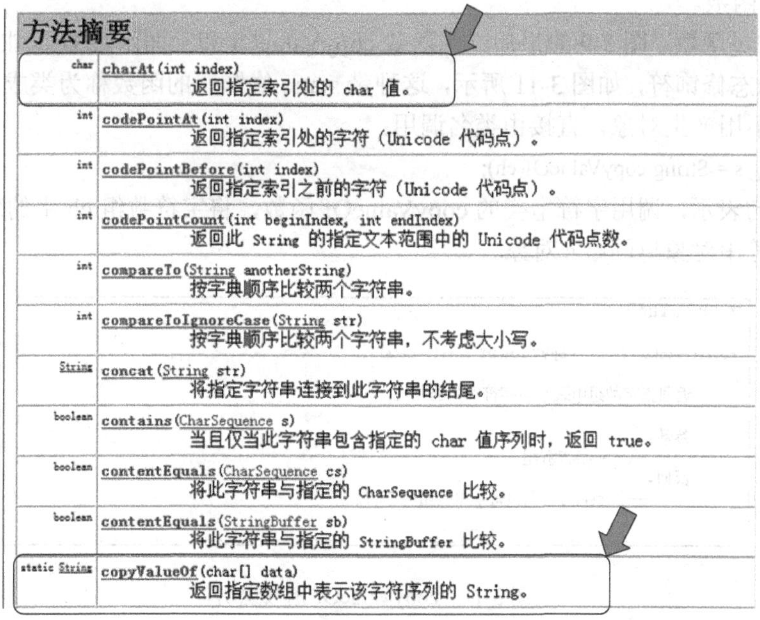

图 3-9 查询 String 类的函数

点击第一个函数链接，可以进一步看到该函数的详细说明，如图 3-10 所示。

```
charAt
public char charAt(int index)
    返回指定索引处的 char 值。索引范围为从 0 到 length() - 1。序列的第一个 char 值位
    于索引 0 处，第二个位于索引 1 处，依此类推，这类似于数组索引。

    如果索引指定的 char 值是代理项，则返回代理项值。

    指定者：
           接口 CharSequence 中的 charAt
    参数：
           index - char 值的索引。
    返回：
           此字符串指定索引处的 char 值。第一个 char 值位于索引 0 处。
    抛出：
           IndexOutOfBoundsException - 如果 index 参数为负或小于此字符串的长度。
```

图 3-10　charAt 函数说明

API 中的两种函数为对象成员函数和类成员函数。

(1) 对象成员函数。上述第一个函数 charAt 就是对象成员函数，即首先由 String 类产生字符串对象，再由对象来调用的函数。

charAt 函数使用时需要传入一个整数，表示字符串的下标索引，某个字符串对象调用该函数，能够将该字符串对象指定下标索引处的字符返回，如 char c = "abcdef".charAt(3) 返回字符'd'。(注：字符串下标从 0 开始计数，字符串常量也是一个字符串对象。)

"abcdef"是一个字符串对象，该对象采用成员运算符(.)调用 charAt 函数，找到第四个字符返回，所以该函数的调用返回字符 'd' 赋值给 c 变量。

我们可以看到图 3-9 中 charAt 后面的函数全是对象成员函数，直到最后一个 copyValueOf 函数。

(2) 类成员函数。图 3-9 的最后一个函数 copyValueOf 和上面函数的不同之处在于它有一个 static 静态修饰符，如图 3-11 所示，这种带 static 修饰符的函数称为类成员函数。调用该函数可以不用产生对象，直接由类名调用：

　　　　String s = String.copyValueOf(ch);

上述语句表示，调用字符串类的 copyValueOf 函数，将字符数组 ch 中的所有字符构造成为一个字符串对象返回给 s 对象。

```
copyValueOf
public static String copyValueOf(char[] data)
    返回指定数组中表示该字符序列的 String。
    参数：
          data - 字符数组。
    返回：
          一个 String，它包含字符数组的字符。
```

图 3-11　copyValueOf 函数说明

从上述两个函数的查询可以看出，要使用 Java 预定义的函数，首先要找到类，类中的函数分为对象成员函数和类成员函数，对象成员函数的使用必须要先产生对象，由对象来调用函数，而类成员函数可以使用类名，也可以使用对象名来调用。

查询帮助文档，使用 Java 的预定义函数来帮助构建程序，使得 Java 编程者更多关注如何解决问题和如何构建程序，而屏蔽了一些具体函数的编写，这样大大减轻了 Java 程序员的工作量，也是 Java 和 C 语言编程方式的一个不同之处。

本 章 小 结

1．Java 面向过程编程源于 C 语言，同样是结构化的编程，具有顺序、分支和循环三种结构。

2．顺序结构是面向过程编程的主要方式，每一个结构都有一个入口和一个出口，程序由多个结构构成，按一个结构一个结构的顺序运行。

3．Java 的分支语句分为单分支 if、双分支 if-else、多分支 if-else if 和 switch 语句。

4．Java 中作为分支、循环结构条件的只能是关系表达式、逻辑表达式或者逻辑变量。

5．Java 循环主要有 while 语句、do-while 语句以及 for 语句循环。在不清楚循环次数时多用 while 循环，在明确了循环次数时多用 for 循环，二者是可以相互转换的。

6．在循环中可以使用 break 语句来强制退出循环，可以使用 continue 语句来结束本次循环而继续下一次循环，一般需要和 if 语句一起使用。

7．分支、循环结构的嵌套是本章的难点，需要一定量的编程练习才能掌握。对于问题的解决，要对算法进行分析，分解算法步骤，使用正确的语法实现各个步骤，调试运行。

8．函数定义需要注意函数的三个要素，即函数参数、函数返回值类型和函数体。

9．Java 函数主要分为自定义函数和 Java 预定义的函数，要会根据要求定义函数，也要学会查询 Java API 帮助文档，使用 Java 定义好的函数来构建程序。

10．Java 类中的函数分为两种，带 static 修饰符的称为静态函数/类函数，可以由类名进行调用；不带 static 修饰符的称为成员函数，需要先定义类对象，再由对象来调用。

习 题 三

一、简答题

1．Java 的分支和循环语句的条件可以由哪些表达式构成？

2．Java 的 if 语句有哪些结构？

3．switch 语句进行多分支选路的原理是什么？switch 的表达式由哪些表达式构成？

4．switch 中如果某条分支没有 break 语句会如何？

5．switch 中 default 语句是否一定是最后一条语句？如果放在分支路径中间会如何？

6．while 循环结构的循环语句是否一定能用 for 循环来替换？

7．什么情况下选择 while 循环？什么情况下选择 for 循环？

8．for 循环的流程是怎样的？

9．Java 中的包是怎样的概念？为什么要将类放在包里？

10．函数定义时要注意的三个要素是什么？

11．Java API 帮助文档中类的函数主要分为哪两种？如何进行调用？

二、操作题

1. 从键盘输入 5 个整数，找出这 5 个整数中的最大数。
2. 输出 1～100 之间所有既可以被 3 整除，又可被 7 整除的数。
3. 设有一根长为 1500 m 的绳子，每天减去一半，问需几天时间，绳子的长度会短于 5 m。
4. 按下列要求编写 fun 函数，使用 main 函数调用 fun 函数，输出结果并检查。

> 编写函数 fun，它的功能是计算并输出下列级数的和：
> $$S = \frac{1}{1\times 2} + \frac{1}{2\times 3} + \cdots + \frac{1}{n(n+1)}$$

5. 按下列要求编写 fun 函数，使用 main 函数调用 fun 函数，输出结果并检查。

> 编写函数 fun，其功能是计算并输出当 x<0.9 时下列多项式的值，直到 $|S_n - S_{n-1}| < 0.000001$ 为止。
> $$S_n = 1 + 0.5x + \frac{0.5(0.5-1)}{2!}x^2 + \frac{0.5(0.5-1)(0.5-2)}{3!}x^3 + \cdots + \frac{0.5(0.5-1)(0.5-2)\cdots(0.5-n+1)}{n!}x^n$$

6. 找出 1000～9999 中所有首尾数字相同的数，例如 1111、1221、2002 等。

第四章 Java 数组与字符串

本章学习内容：
- 数组的基本概念
- 数组的定义与初始化
- 栈内存与堆内存的概念
- 数组的遍历
- foreach 语法
- 二维数组的定义及使用
- java.util.Arrays 类的使用
- 使用 String 类来处理字符串

数组和字符串都是编程中非常常用的内容，Java 中的数组和字符串与 C 语言中的有很多的不同之处，并且这两个知识点中已经包含面向对象的知识，编程方式与 C 语言也有很大不同，所以单独将这两个知识点放在一个章节中，以便于初学者学习，也能够起到承上启下的作用。

4.1 数 组

4.1.1 数组的基本概念

数组是一组类型相同、在内存中连续存放的数据集合。数组中的每个数据称为一个数组元素，例如定义了一个具有 10 个元素的整数数组 a，则内存中的情况如图 4-1 所示。

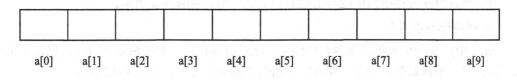

图 4-1 数组示意图

(1) a 数组有 10 个元素，每个元素都是一个 int 变量，在内存中地址连续。

(2) 数组的元素使用数组下标元素符[]标识，下标索引 i 从 0 开始，到 9 结束，a[i]是 a 数组的第 i+1 个数组元素，i 必须在 0～n-1 之间(n 是 a 数组的长度)。如果 i>=n 或者 i<0，在 Java 中都属于越界行为，是不允许的，程序会终止运行并报异常。

(3) 数组一旦定义长度 n，就不可改变长度(数组的容量固定)。

4.1.2 数组的定义与初始化

1. C 语言的数组情况

Java 的数组与 C 语言的具有很多不同，首先来看一下 C 语言中对数组的定义，例如定义一个数组为"int a[5];"，内存如图 4-2 所示。

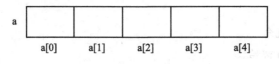

图 4-2　C 语言数组示意图

C 语言数组的语法规则：

(1) a 是数组名，代表了这个数组的首地址，是一个不可改变的量，不能对 a 进行赋值。

(2) "int a[5];"定义之后，就可以对 a 数组的各个元素进行赋值和运算了。

(3) 可以在定义的时候整体赋值，即"int a[5] = {1,2,3,4,5};"，而定义之后就只能够对数组的单个元素进行赋值操作。

(4) C 语言对于数组的下标越界的处理态度是"后果自负"。

2. Java 的数组情况

Java 的数组定义语句为

    int[] a = new int[5];

(1) 等号左边定义了一个整数数组类型(int[]视为一个类型)的变量 a。a 是数组名，同时 a 的本质是一个引用变量，类似于一个能够指向整数数组的指针变量。既然是变量，就可以对 a 进行赋值操作，让它指向另外一个整数数组，即"a = b;"。

(2) 等号右边使用 new 在内存中分配了一段空间，即 5*4→20 字节，a 就指向该内存空间的首地址。

(3) Java 在定义 a 数组的时候也可以使用花括号进行数组的初始化：

    int[] b = {1,2,3,4,5};　　　　//根据花括号里面的值，b 的长度为 5

(4) 整体赋值只能发生在定义的时候，定义语句之后就只能对 b 的单个元素进行赋值。

(5) 该数组在内存中的情况与上述 C 语言的一致，如图 4-2 所示。

3. 栈内存与堆内存

Java 中定义一个数组会在内存中两个区域进行操作，一个区域是栈内存，保存了引用变量 a；另一个区域是堆内存，保存了数组的实际元素集合，如图 4-3 所示。

1) 栈内存

当函数被调用时，函数进入栈内存空间，即函数得到分配的内存空间。栈内存空间具有栈的特性：先进后出，后进先出。main 函数是程序入口，最先进栈，被压入栈底；如果 main 函数调用 fun 函数，则 fun 函数进栈，压在 main 函数上面；只有 fun 函数运行结束后出栈了，main 函数才能继续运行，直到运行结束后退栈(即释放函数得到栈内存空间)。

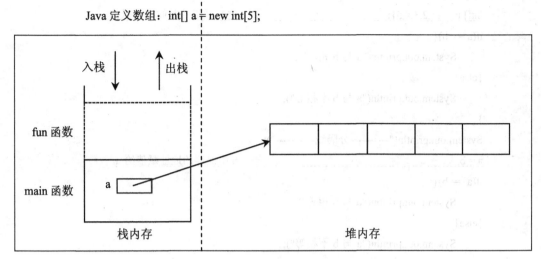

图 4-3 Java 数组内存示意图

栈的优势是存取速度比堆快，仅次于寄存器，栈数据可以共享。其缺点是存在栈中的数据大小与生存期必须是确定的，缺乏灵活性。栈中主要存放基本类型的变量数据(int、short、long、byte、float、double、boolean、char)和引用变量(对象句柄)。

栈内存中保存的是函数中定义的基本类型的变量或引用变量，如上述的 a 变量。

2) 堆内存

在 C 语言中也有堆内存的概念。在标准 C 语言中，使用 malloc 等内存分配函数从堆内存中获取内存空间，从堆中分配的内存需要程序员手动释放，如果不释放，而系统内存管理器又不自动回收这些内存空间，这样很容易产生内存溢出的情况。

Java 中同样也有堆内存的概念，Java 定义的对象、数组等存放在堆内存空间中。堆的优势是可以动态地分配内存大小，生存期也不必事先告诉编译器，因为它是在运行时动态分配内存的。Java 的堆内存是由 Java 的垃圾回收机制*来负责的，Java 的垃圾收集器会自动收走这些不再使用的数据，释放内存。其缺点是由于要在运行时动态管理内存，需要消耗一定的资源，对程序速度有一定影响。

*Java 垃圾回收机制：在堆内存中生成的一个对象如果没有引用变量去引用(指向)它，则该对象就被视为"垃圾"，在一定时间内 Java 使用垃圾回收器(一段程序代码)来释放掉这个对象占用的内存空间，使得堆内存空间能够重复使用。

堆内存用于保存程序中由某个类创建的对象或者生成的数组的实际元素等。

程序示例 4-1 Java 数组的定义和初始化。

<u>程序段(ArrayDemo1.java)</u>

```
    int[] a = new int[5];                        定义 5 个元素的整数数组
    a[0] = 1;
    a[1] = 2;
    a[2] = 3;
    a[3] = 4;
```

```
        a[4] = 5;
        int[] b = {1,2,3,4,5};                          定义数组的时候整体赋值
        if(a == b){
            System.out.println("a 与 b 相等");
        }else{
            System.out.println("a 与 b 不相等");
        }
        System.out.println("----------分隔线----------");
        a = b;                                           b 中保存的地址赋值给 a
        if(a == b){
            System.out.println("a 与 b 相等");
        }else{
            System.out.println("a 与 b 不相等");
        }
```

程序结果：

```
General Output
---------------------Configuration:
a与b不相等
----------分隔线----------
a与b相等

Process completed.
```

程序分析：

(1) Java 的数组名是一个引用变量，指向堆内存中实际数组元素的首地址。

(2) a 数组和 b 数组虽然同样是 int 数组，数组个数和值都相等，但是 a == b 这个关系表达式比较的是 a 和 b 两个变量的值，而这两个变量是保存了不同数组对象的地址，所以值不同。

(3) 当 a=b 时，将 b 的值(地址)赋给 a，则 a 和 b 都指向 b 的数组，所以 a 和 b 保存的地址相等，再判断 a==b 就为 true 了。

(4) 当 a=b 时，a 原来指向的堆内存的那 5 个元素的数组对象没有变量引用(指向)，就变成了"垃圾"，Java 的垃圾回收机制就会在某个时间释放掉这段内存。

4.1.3 数组遍历

1. 数组的遍历

数组的遍历即对数组的每个元素访问一次，这是数组最常见的操作，一般是用 for 循环进行，采用三个表达式的形式，i 从 0 开始步进变化到 n−1。

程序示例 4-2 从键盘输入 5 个整数给数组并找出数组的最大数及其下标。

程序段(ArrayTraversal1.java)

```
        int[] a = new int[5];
            Scanner sc = new Scanner(System.in);
```

```
for(int i = 0; i<a.length; i++) {            //遍历数组(下标从 0 到数组实际长度-1)
    a[i] = sc.nextInt();
}
int max = a[0];
int index = 0;
for (int i = 0; i<a.length; i++) {           //遍历数组
    if(max < a[i]){
        max = a[i];                          //max 记录最大值
        index = i;                           //index 记录最大值下标
    }
}
System.out.println("max=" + max + ",index=" + index);
```

程序结果：

```
General Output
--------------------Configuration:
1 5 4 6 7
max=7,index=4

Process completed.
```

程序分析：

(1) a.length 中，length 是所有类型数组的一个属性，记录了数组的实际长度。

(2) 第一个 for 循环是对 a 数组进行遍历，对各个元素从键盘赋值，下标为 0～a.length-1。

(3) 定义 max，用于记录 a 数组中最大的数，初始值为 a[0]；index 用于记录最大数的下标，初始值为 0。

(4) 第二个 for 循环遍历 a 数组，谁比 max 大，谁就赋值给 max 并且记录下标。

(5) 循环结束，max 就记录了 a 数组最大的值，index 记录最大值下标。

程序示例 4-3 对程序示例 4-1 进行改造，将上述程序的功能写成一个函数。

函数的功能是对传入的整数数组找寻最大值及下标，由 main 函数初始化数组，将数组传入该函数，调用该函数完成寻找最大值及下标的功能。我们都知道函数只能返回一个值，如何让一个函数传回两个及以上的值给调用函数呢？方法是再将一个数组传入该函数，作为结果数组，将函数找到的多个值赋值给该数组的多个元素即可，如图 4-4 所示。

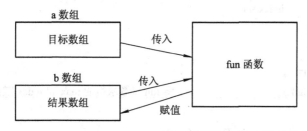

图 4-4　数组作为函数参数

函数声明为

  void fun(int[] a, int[] b)

其中，
  (1) a 数组为目标数组，需要遍历它从而求出最大值和下标的数组。
  (2) b 数组为结果数组，在 fun 函数中求出的最大值和下标放入该数组的 b[0] 和 b[1] 中。

将 main 函数中定义的 a、b 数组名作为实参传入 fun 函数，fun 函数的形式参数 a 和 b 就获得了传进来的 a、b 数组的首地址，从而在 fun 函数中就能直接对 main 函数定义的 a 数组进行遍历求值，再将求得的结果赋值给 b 数组，就等效于传出了多个值。

具体的内存示意图如图 4-5 所示，该图是 main 函数调用 fun 函数的内存瞬时示意图。

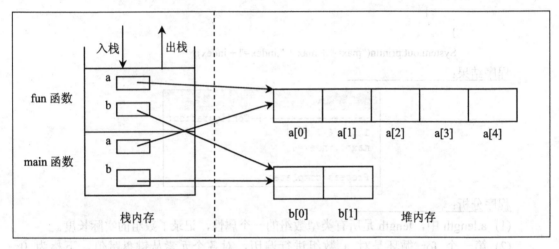

图 4-5　数组作为函数参数

要注意的是在 fun 函数中对 a、b 数组的操作，实质就是对 main 函数的 a、b 数组进行操作，因为它们是指向同一块内存区域。

程序段(ArrayTraversal2.java)

```
public static void fun(int[] a, int[] b){
    int max = a[0];
    int index = 0;                              注意 max 和 index 的初始值
    for(int i = 0; i<a.length; i++) {
        if(max < a[i]){
            max = a[i];
            index = i;
        }
    }
    b[0] = max;
    b[1] = index;                               将 fun 函数求得的 max 和 index 赋值给 b 数组元素
}
public static void main(String[] args) {
```

```
        int[] a = {4,5,7,8,9,4,5,3};
        int[] b = new int[2];
        fun(a,b);                        将 a、b 数组的地址传给 fun 函数
        System.out.println("the max is:" + b[0] + ",index is:" + b[1]);
    }
```
程序结果：

```
General Output
---------------------Configuration:
the max is:9,index is:4

Process completed.
```

2. foreach 语法

对数组进行遍历，除了常规的 for 循环之外，还有一种较为简洁的 foreach 写法，例如要输出 a 数组的数组元素，写法如下：

```
for(int t: a){
    System.out.println(t);
}
```

该句的意思是使用 t 这个整数去依次访问 a 数组的各个元素，即每次循环依次把 a 数组 a[0],a[1],…,a[n-1]中的一个元素赋值给 t。注意 t 的类型要与数组的类型一致，这个 foreach 循环等价于下列常规 for 循环：

```
for(int i = 0; i<a.length; i++){
    System.out.println(a[i]);
}
```

foreach 的语法适用于对数组进行遍历操作，同样也可以对 Java 的其他容器类数据结构进行遍历，比如链表、集合等(这些数据结构以后会学到)。

4.1.4 二维数组

Java 对二维数组的处理方式是将二维数组看成多个一维数组的一维数组。这与 C 语言处理二维数组的方式是相同的，但是 Java 的二维数组可以是 m 行 n 列的矩阵形式，也可以是不规则的矩阵形式。

1. 定义形式 1

例如：

```
int[][] a = new int[4][5];
```

该形式定义了一个 4 行 5 列的二维数组，可以将这个二维数组(图 4-6)看成一个具有 4 个元素的一维数组，每个元素又是一个一维数组，每个一维数组具有 5 个元素。

a[0]、a[1]、a[2]、a[3]分别是这 4 个一维数组的数组名。

这样的定义是兼容了 C 语言的二维数组定义方式，该语句被执行，就得到了 20 个元

素,如图4-6所示。

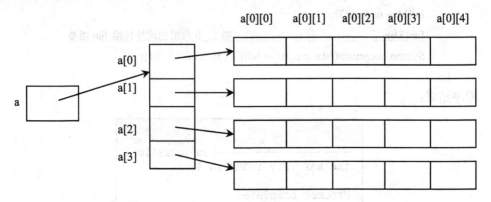

图4-6 Java二维数组形式

2. 定义形式2

定义的时候只说明有几个一维数组,即说明有几行,但是每行有几列不说明,之后再对每个一维数组进行初始化,例如:

  int[][] a = new int[4][];

  a[0] = new int[4];

  a[1] = new int[3]; ...

Java的这种处理方式,能定义出不规则的二维数组,如图4-7所示。

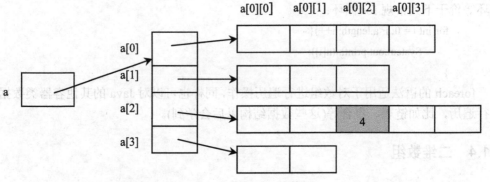

图4-7 Java不规则二维数组

形成上述二维数组结构的程序段如下:

  int[][] a = new int[4][];

  a[0] = new int[4];

  a[1] = new int[3];

  a[2] = new int[5];

  a[3] = new int[2];

程序分析:

(1) 定义二维数组的时候可以不用写第二个下标,只说明有几行即可,实际就是具有几个一维数组。

(2) 定义好二维数组后,还需要对二维数组的每个元素即一维数组进行初始化,如"a[1] = new int[3];",这样才能使用数组的具体元素。

(3) 对二维数组的单个元素进行赋值,如"a[2][2] = 4;",与 C 语言一样,是对 a 数组的第 3 行第 3 个元素进行赋值 4。

(4) 在定义二维数组的同时,可以进行整体赋值,如"int[][] b = {{1,2,3,4}, {2,2,2}, {1,1}, {3,3,3,3,3}};",b 数组有 4 个一维数组,即

$$\left\{\begin{array}{l} b[0]:4 \text{ 个元素}(1,2,3,4) \\ b[1]:3 \text{ 个元素}(2,2,2) \\ b[2]:2 \text{ 个元素}(1,1) \\ b[3]:5 \text{ 个元素}(3,3,3,3,3) \end{array}\right.$$

3. 二维数组的遍历

对于二维数组的遍历,与 C 语言类似,需要使用嵌套循环来完成,外层循环是对行进行遍历,内存循环是对每行的各列进行遍历。

程序示例 4-4 遍历二维数组,按行输出二维数组的各元素。

程序段(ArrayDemo2.java)

```
int[][] b = {{1,2,3,4},{2,2,2},{1,1},{3,3,3,3,3}};
for (int i = 0; i < b.length; i++) {          b 的长度是有几行
    for (int j = 0; j < b[i].length; j++) {    b[i]的长度是第 i 行有几列
        System.out.print(b[i][j] + "\t");
    }
    System.out.println();                      输出一行之后进行换行
}
```

程序结果:

```
General Output
--------------------Configuration:
1    2    3    4
2    2    2
1    1
3    3    3    3    3

Process completed.
```

程序分析:

(1) b.length 表示 b 数组有几个一维数组(b 数组的长度)。

(2) b[i].length 表示 b 数组的第 i 个一维数组有几个元素(b[i]数组的长度)。

(3) 内层循环输出一行之后要换行,即"System.out.println();"。

程序示例 4-5 找出一个二维数组各行的最大元素,放入一个一维数组中。

程序段(ArrayDemo3.java)

```
int[][] a = {{1,2,8,4},{7,4,7,2,9},{1,1,2,-4},{3,3,3,3,3}};
int[] b = new int[a.length];          使用 a 数组的行数定义 b 数组长度
int max;
```

```
for (int i = 0; i<a.length; i++) {          外层循环是对二维数组各行进行遍历
    max = a[i][0];
    for (int j = 0; j<a[i].length; j++) {   内层循环是对第 i 行的各列进行遍历
        if(max < a[i][j] ){
            max = a[i][j];
        }
    }
    b[i] = max;                             找出第 i 行的最大元素赋值给 b 数组的第 i 个元素
}
System.out.println("结果如下：");
for (int i = 0; i<b.length; i++) {
    System.out.print(b[i] + "\t");
}
```

程序结果：

```
General Output
--------------------Configuration:
结果如下：
8    9    2    3
Process completed.
```

程序分析：
(1) 语句"int[] b = new int[a.length];"使用 a 数组的长度(几行)来定义 b 数组的长度。
(2) 外层循环是行，内层循环是列，对于每一行都要执行下面三步：
① 让 max 等于该行的第一个元素。
② 使用内层循环求该行各列的最大值。
③ 将一行求出的最大值赋值给 b[i]。
(3) 循环结束，b 数组的各个元素就获得了 a 数组对应各行的最大值。

4.1.5 Arrays 类

数组是程序设计中必不可少的数据结构。为了减轻 Java 程序员的工作量，对数组(主要是基本数据类型数组)的很多常用操作已经写好并放在 java.util 包中的 Arrays 类的成员函数中了。该类的这些函数主要完成以下数组操作：

1. 数组的排序

例如：

```
int a[]={2,5,3,8,4};
Arrays.sort(a);
```

说明：
(1) 调用 Arrays 类中的静态函数 sort 对 a 数组从小到大进行排序。
(2) 只有升序排序，无降序排序。

2. 数组元素的定位查找

例如：

  int find;

  int[] a={2,3,4,5,8};

  find=Arrays.binarySearch(a,8);

说明：

(1) 对 a 数组进行二分查询，查找 8 这个数字是否在 a 数组中出现。

(2) 如果没有出现，则返回-1；如果出现，则返回出现的下标。

(3) 要求 a 数组有序才能进行二分查询。

3. 数组元素的显示

例如：

  int[] a={2,5,3,8,4};

  String aString =Arrays.toString(a);

  System.out.println(aString);

说明：可以使用 Arrays 的 toString 方法快速显示数组的全部内容，包括对二维数组也可以。

程序示例 4-6 在数组中查找指定元素。

程序段(ArraysDemo1.java)

  int[] a={2,5,3,8,4};

  Arrays.sort(a);   调用 Arrays 的类方法对 a 数组进行排序

  String s = Arrays.toString(a);   将 a 数组内容转换为字符串

  System.out.println(s);

  int find;

  find = Arrays.binarySearch(a, 8);   对 a 数组进行二分查询

  System.out.println("find: " + find);

程序结果：

```
General Output
--------------------Configuration:
[2, 3, 4, 5, 8]
find: 4

Process completed.
```

4.2 字 符 串

4.2.1 字符串基本概念

字符串就是用双引号括起来的一串字符，如字符串常量"Hello Java"。

C 语言中的字符串保存在字符数组中,如 " char a[10] = {"abcXY123"}; " 定义了一个 10 个元素的字符数组,用以保存"abcXY123"字符串常量,并以'\0'字符作为结束标记,其在内存中的示意图如图 4-8 所示。

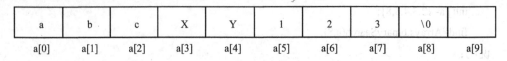

图 4-8 C 语言数组在内存的示意图

在 C 语言中,对字符串的操作实质是对字符数组的操作,例如,要将上述字符串中的小写字母转换为大写字母,则需在遍历 a 数组的过程中筛选小写字母,然后进行处理。

程序示例 4-7 将指定字符串的小写字母转换为大写字母(C 语言程序)。

程序段(stringDemo1.c)

```c
#include <stdio.h>
#include <string.h>
void main(){
    char a[10] = "abcXY123";
    int i;
    int n = strlen(a);        //使用 string.h 头文件里的 strlen 函数求字符数组 a 的实际长度
    for(i=0; i<n; i++){
        if(a[i]>='a' && a[i]<='z'){
            a[i] = a[i] -32;   //小写字母转大写字母算法:ASCII 码值相差 32
        }
    }
    printf("the result: %s\n", a);
}
```

程序结果:

```
"D:\C程序收集\Debug\stringDemo1.exe"
the result: ABCXY123
Press any key to continue
```

程序分析:

C 语言对字符串的处理,主要使用的是 string.h 头文件里的字符串处理函数;其次是对字符串数组遍历,在遍历过程中进行处理。标准 C 语言的字符串处理函数大概有 20 多个,常用的函数如表 4-1 所示。

字符串处理函数能够减轻程序员处理字符串时的工作量。字符串处理函数主要包括求字符串长度、字符串比较、连接、复制、查找字符串和分解字符串等几种。我们可以看到,C 语言的这些字符串处理函数大量使用了指针变量,可读性较差。

第四章　Java 数组与字符串　· 65 ·

表 4-1　C 语言中的字符处理函数

序号	函数及描述
1	void *memcpy(void *dest, const void *src, size_t n)： 从 src 中复制 n 个字符到 dest
2	char *strcat(char *dest, const char *src)： 把 src 所指向的字符串追加到 dest 所指向的字符串的结尾
3	char *strchr(const char *str, int c)： 在参数 str 所指向的字符串中搜索第一次出现字符 c(一个无符号字符)的位置
4	int strcmp(const char *str1, const char *str2)： 把 str1 所指向的字符串和 str2 所指向的字符串进行比较
5	char *strcpy(char *dest, const char *src)： 把 src 所指向的字符串复制到 dest
6	size_t strlen(const char *str)： 计算字符串 str 的长度，直到空结束字符，但不包括空结束字符
7	char *strstr(const char *haystack, const char *needle)： 在字符串 haystack 中查找第一次出现字符串 needle(不包含空结束字符)的位置

Java 也可以使用字符数组的方式来保存和处理字符串，但是 Java 有更好的处理方式，即使用 String 类对象来处理字符串。

对于程序示例 4-7，Java 只需要下列 3 句就完成了：

　　String s = "abcXY123";

　　s = s.toUpperCase();

　　System.out.println(s);

(1) 定义一个字符串对象 s，将"abcXY123"保存在 s 对象中。

(2) 调用字符串对象的成员函数，将字符串中小写字母全部转换为大写字母。

(3) 输出字符串对象的内容。

可以看出 Java 在对字符串的处理方面更加方便和简洁，它采用面向对象的方式来定义字符串类对象，由对象调用成员，可读性更强，减轻了程序员的编程量。

4.2.2　String 类

String 类是 Java 编程中最为常用的类之一，主要是对字符串进行处理。String 类对象保存了字符串，即 Java 程序中的字符串字面值(如"abc")。

1. String 类对象的初始化

String 类对象的初始化主要有以下几种方式：

(1) "String s = "abcXY123";" 是最为常用且比较方便的定义及初始化字符串对象的方式，字符串对象 s 保存了"abcXY123"字符串字面值。

(2) 从 char 数组构建出 String 类对象。

(3) 从 byte 数组构建出 String 类对象。

(4) 从另外一个 String 类对象构建出 String 类对象。

程序示例 4-8 字符串类对象的定义及初始化。

<u>程序段</u>(StringDemo1.Java)

```
        String s = "abcXY123";
        s = s.toUpperCase();
        System.out.println("s =" + s);
        char[] c = {'a','b','c','X','Y','1','2','3'};
        String s1 = new String(c);              通过字符数组构建字符串对象
        System.out.println("s1=" + s1);
        byte[] b = {'a','b','c','X','Y','1','2','3'};    通过字节数组构建字符串对象
        String s2 = new String(b);
        System.out.println("s2=" + s2);
        String s3 = new String(s);              通过字符串对象构建字符串对象
        System.out.println("s3=" + s3);
```

程序结果：

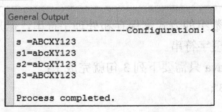

2. String 类对象的成员函数

String 类对象具有很多成员函数，使用这些成员函数能够很方便地完成各种字符串处理操作。常用的成员函数如表 4-2 所示(其它没在表里的函数请查阅 JDK 帮助文档)。

表 4-2　String 类常用的函数

返回值类型	函数名及函数参数	函数描述
char	charAt(int index)	返回指定索引处的 char 值
int	compareTo(String anotherString)	按字典顺序比较两个字符串
String	concat(String str)	将指定字符串连接到此字符串的结尾
boolean	contains(CharSequence s)	当且仅当此字符串包含指定的 char 值序列时，返回 true

续表

返回值类型	函数名及函数参数	函数描述
boolean	endsWith(String suffix)	测试此字符串是否以指定的后缀结束
boolean	equals(Object anObject)	将此字符串与指定的对象比较
int	indexOf(int ch)	返回指定字符在此字符串中第一次出现处的索引
int	indexOf(int ch, int fromIndex)	返回指定字符在此字符串中第一次出现的索引,从指定的索引开始搜索
int	indexOf(String str)	返回指定子字符串在此字符串中第一次出现处的索引
int	indexOf(String str, int fromIndex)	返回指定子字符串在此字符串中第一次出现处的索引,从指定的索引处开始搜索
boolean	isEmpty()	当且仅当 length()为 0 时返回 true
int	lastIndexOf(int ch)	返回指定字符在此字符串中最后一次出现处的索引
int	lastIndexOf(String str)	返回指定子字符串在此字符串中最右边出现处的索引
int	lastIndexOf(String str, int fromIndex)	返回指定子字符串在此字符串中最后一次出现处的索引,从指定的索引处开始反向搜索
int	length()	返回此字符串的长度
String	replace(char oldChar, char newChar)	返回一个新的字符串,它是通过用 newChar 替换此字符串中出现的所有 oldChar 得到的
String	replaceAll(String regex, String replacement)	使用给定的 replacement 替换此字符串所有匹配给定的正则表达式的子字符串
String[]	split(String regex)	根据给定正则表达式的匹配拆分此字符串
boolean	startsWith(String prefix)	测试此字符串是否以指定的前缀开始
boolean	startsWith(String prefix, int toffset)	测试此字符串从指定索引开始的子字符串是否以指定前缀开始
String	substring(int beginIndex)	返回一个新的字符串,它是此字符串的一个子字符串
String	substring(int beginIndex, int endIndex)	返回一个新字符串,它是此字符串的一个子字符串
char[]	toCharArray()	将此字符串转换为一个新的字符数组
String	toLowerCase()	使用默认语言环境的规则将所有大写字母转换为小写字母
String	toString()	返回此对象本身
String	toUpperCase()	使用默认语言环境的规则将所有小写字母转换为大写字母
String	trim()	返回字符串的副本,去掉前导空白和尾部空白

String 类的成员函数大概有六十多个，基本包含了字符串常用的操作，因此要学会查询帮助文档，使用上述这些函数处理字符串，提高编程效率。

程序示例 4-9　从键盘输入一个字符串给 s2，判断该字符串在指定字符串 s1 中是否出现，如果出现，计算次数。

算法分析：判断子字符串的函数，通过查询帮助文档，发现可以使用 indexOf 这个函数。对于子字符串，该函数有两种形式。

① int indexOf(String str)：返回指定子字符串在此字符串中第一次出现处的索引。

② int indexOf(String str, int fromIndex)：返回指定子字符串在此字符串中第一次出现处的索引，从指定的索引开始。

如果只是查询 s2 是否是 s1 的子字符串，则使用第一个函数，返回值 int 是返回子字符串在指定字符串中出现的位置，如果不是子字符串则返回-1；但要找出有几个子字符串则要使用第二个函数，它的第二个参数是偏移量，从指定子字符串的 fromIndex 处开始查询子字符串。

程序段(StringDemo2.Java)

```
        String s1 = "abc12abcacabaaab";
        Scanner sc = new Scanner(System.in);
        String s2 = sc.nextLine();
        int i = 0;
        int n = 0;
        if(s1.indexOf(s2) == -1){              s2 没有在 s1 中出现
            System.out.println("s2 没有在 s1 中出现过");
            System.exit(0);
        }else{
            while((i = s1.indexOf(s2,i)) != -1){   反复查找 s2 是否在 s1 中出现
                n++;
                System.out.println("i =" + i);
                i = i + s2.length();               i 进行偏移，继续寻找下一个位置
            }
        }
        System.out.println("s2 在 s1 中出现过: " + n + " 次");
```

程序结果：

```
General Output
--------------------Configuration:
XY
s2没有在s1中出现过
Process completed.
```

```
General Output
--------------------Configuration:
ab
i = 0
i = 5
i = 10
i = 14
s2在s1中出现过: 4 次
Process completed.
```

程序分析：

(1) s1.indexOf(s2)的含义：s1 字符串对象调用其成员函数 indexOf，将 s2 作为参数传入，如果 s2 在 s1 中没有出现过，则返回-1；如果出现就返回第一次出现时的位置。

(2) 程序结构：主要是一个双分支结构，如果 s2 没有在 s1 中出现过，则输出 s2 没有在 s1 中出现过的字符串，然后终止程序；如果出现过就需要采用循环求出现过几次。

(3) 循环条件是：在 s1 中寻找 s2，如果找到就进入循环，直到找不到为止(返回-1)。

(4) 循环体中采用了带偏移量的 indexOf 函数："i = s1.indexOf(s2, i)" 中，i 的初始值是 0，所以第一次循环是从 s1 的第 0 个字符开始寻找 s2 字符串，如果找到就赋值给 i 并计数(n++;)，i 进行步进变化，向后跳过找到的字符(i = i + s2.length();)，继续寻找 s2 下一次出现的位置。

3. 字符串处理示例

1) 字符串比较

程序示例 4-10 字符串的比较。

程序段(StringDemo3.Java)

```
        String s1 = new String("abc");
        String s2 = new String("abc");
        String s3= "abc";
        String s4= "abc";
        if(s1 == s2){                                           比较 s1 和 s2
            System.out.println("s1 == s2");
        }else{
            System.out.println("s1 != s2");
        }
        if(s1 == s3){                                           比较 s1 和 s3
            System.out.println("s1 == s3");
        }else{
            System.out.println("s1 != s3");
        }
        if(s3 == s4){                                           比较 s3 和 s4
            System.out.println("s3 == s4");
        }else{
            System.out.println("s3 != s4");
        }
        if(s1.equals(s2) && s1.equals(s3) && s3.equals(s4)){    内容比较
            System.out.println("内容相等");
        }else{
            System.out.println("内容不相等");
        }
```

程序结果：

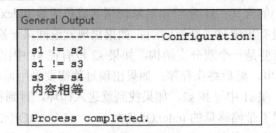

程序分析：

(1) 使用"=="比较的是 String 类型引用变量的值，引用变量保存的是地址，类似于指针变量，所以"=="比较的实际上是地址；而使用 equals 函数比较的是字符串的内容。

(2) s1、s2 使用 new 在堆内存中生成的 String 类对象，不管内容如何，地址肯定不一样。

(3) 从程序结果可以看出来只有 s3 和 s4 是相等的，说明 s3 和 s4 指向的是同一个地址，如图 4-9 所示。

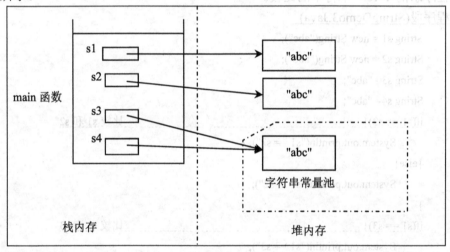

图 4-9 字符串常量池

s3、s4 为什么会指向同一个地址呢？这是因为在 Java 的堆内存中有个字符串常量池区域，而程序中的字符串常量通常就保存在该区域。当程序需要使用字符串常量时，会先检查该区域中是否有这个常量，如果有就直接使用，没有就在该区域中生成，这样能避免在堆内存中重复出现相同的字符串常量。

2) 字符串的筛选

程序示例 4-11 从键盘输入一个字符串给 s2，将 s2 中的数字字符连接到 s1 后面。

程序段(StringDemo4.Java)

```
import java.util.*;
public class StringDemo4 {
    public static void main (String[] args) {
        String s1 = "abcd123";
        Scanner sc = new Scanner(System.in);
```

第四章 Java 数组与字符串

```
            String s2 = sc.nextLine();
            char c;
            for (int i = 0; i<s2.length(); i++) {
                c = s2.charAt(i);           依次取出 s2 中每个字符
                if(c >= '0' && c <= '9'){   筛选数字字符
                    s1 = s1 + c;
                }
            }
            System.out.println("s1 = " + s1);
        }
    }
```

程序结果：

```
General Output
--------------------Configuration:
s1 = abcd123
请输入s2:afd4fa5f6f7
s1 = abcd1234567

Process completed.
```

程序分析：
(1) 语句"s2.length();"表示求字符串长度。
(2) 语句"c = s2.charAt(i);"表示取出 s2 字符串指定下标的字符给 c。
(3) 语句"s1 = s1 + c;"表示字符串可以使用"+"和各种基本数据以及字符串进行拼接操作，形成新的字符串。

4.2.3 StringBuffer 和 StringBuilder 类

上一节的程序中有"s1 = s1 + c;"这样的字符串拼接操作，一定要注意 Java 的这个知识点，即字符串是不可变的字符串序列，任何对字符串的修改都会产生新的字符串，然后原字符串引用变量再指向新的字符串。字符串修改包括插入字符、字符串连接、删除字符等操作。如果对 String 类对象频繁使用修改操作就会在内存中出现每次修改后的新字符串，这样会导致内存消耗增加，并且效率很低。Java 提供了 StringBuffer 和 StringBuilder 类两个类来解决该问题，它们可以看成是 String 类的补充。

StringBuffer 和 StringBuilder 类提供的方法基本相同，主要是 append 和 insert 方法，对字符串进行添加和插入操作。StringBuilder 类作为可变的字符序列是 5.0 版新增的，被设计用作 StringBuffer 的一个简易替换；此类提供一个与 StringBuffer 兼容的 API，但不保证同步，在字符串缓冲区被单个线程使用的时候使用(这种情况很普遍)；建议优先采用该类，因为在大多数实现中，它比 StringBuffer 效率要高。

程序示例 4-12 对一个字符串进行处理(字符串形式如"adaf-123-ff-252-35-kkk"，由"-"

分隔若干个字符),筛选出以数字开头的字符串,并以"$"符号开头,构成一个新的字符串,如"$123$252$35"。

程序段(StringDemo5.Java)
```
String s = "adaf-123-ff-252-35-kkk";
String[] st = s.split("-");                        使用"-"切分s字符串获得数组
System.out.println(Arrays.toString(st));
StringBuilder sr = new StringBuilder();
String result = "";
for (int i = 0; i < st.length; i++) {              遍历字符数组
    if(st[i].charAt(0) >= '0' && st[i].charAt(0) <= '9'){
        sr.append('$');                            向StringBuilder对象追加字符$
        sr.append(st[i]);                          接着追加以数字开头的字符串
        // result = result + "$" + st[i];
    }
}
result = sr.toString();                            将StringBuilder对象转换为String对象
System.out.println(result);
```

程序结果:
```
General Output
--------------------Configuration:
[adaf, 123, ff, 252, 35, kkk]
$123$252$35

Process completed.
```

程序分析:

(1) 语句"String[] st = s.split("-");"使用"-"对s字符串进行分隔,形成字符串数组返回给st,st里的字符串元素为[adaf, 123, ff, 252, 35, kkk]。

(2) 对字符串数组st进行遍历,如果st的字符串元素以数字开头,就向StringBuilder对象sr里添加一个"$"以及该字符串。

(3) 也可以不用StringBuilder对象,直接进行字符串拼接"result = result + "$" + st[i];",这样程序结果是一样的,但是效率不同,尤其是拼接次数多的时候。

本 章 小 结

1. 在Java数组的定义中要注意栈内存和堆内存的概念,数组名是在栈内存空间的引用变量,数组真正的元素是放置在堆内存中的。

2. 一般是用for循环来遍历一维数组,在遍历的过程中对数组元素进行操作。

3. Java的二维数组与C语言一样,二维数组可看成多个一维数组的一维数组,但是Java可以定义出不规则的二维数组,各行的元素个数不同。

4．二维数组的遍历一般使用二重循环来处理，外层循环表示行，内层循环表示某行的各列。

5．使用 Arrays 类的类成员方法能让程序员很方便地对数组进行排序、查找、显示等操作。

6．Java 使用 String 类来处理字符串，String 类中有很多个字符串处理函数，只需要调用这些函数就能完成相应的字符串处理功能。

7．字符串是不可修改的，一旦修改就会产生新的字符串序列，所以使用 StringBuilder 和 StringBuffer 类来作为 String 类的补充，以便于对字符串的各种修改操作。

习 题 四

一、简答题

1．Java 和 C 语言对于数组的定义和初始化有什么不同？
2．在函数中定义了一个数组 "int[] a = new int[5];"，栈内存和堆内存分别保存什么？
3．在一个被调函数中求得多个值，怎样将这些值传给调用函数？
4．Java 对于二维数组的处理和 C 语言有什么异同？
5．java.util.Arrays 类中有哪些类方法？它们主要能实现什么功能？
6．Java 中对于字符串的处理主要使用 String 类，有哪些初始化方式？
7．String 类中有哪些常用的字符串处理函数？
8．Java 对于字符串的修改是怎么处理的？StringBuilder 类的作用是什么？

二、操作题

1．从键盘输入 10 个数，输出这些数中小于这 10 个数平均值的数。
2．初始化一个 5 阶整数方阵，求该方阵下三角元素的平均值。
3．求一个二维数组的最大值，及该最大值所在下标。
4．查询 Java API 帮助文档，了解 Arrays 和 String 类中主要有哪些成员方法。
5．初始化一个一维整数数组，将一维数组中相同的数去掉，剩下不重复的数。
6．初始化一个 10 个元素的一维整数数组，从键盘输入一个 n(n 小于等于 9)，将该一维数组后面 n 个数移动到数组前面，如原数组为[1,2,3,4,5,6,7,8,9,0]，输入 n=4，则结果数组为[7,8,9,0,1,2,3,4,5,6]。
7．从键盘输入 2 个字符串，比较两个字符串的长度是否相同，内容是否相同。
8．从键盘输入一个字符串，形式如"****ABC**ASD**F***"，字符串由星号和大写字母构成，请将字符串的前导星号移动到字符串后面形成"ABC**ASD**F*******"。
9．从键盘输入一个字符串，形式如"****ABC**ASD**F***"，字符串由星号和大写字母构成，请将字符串中间的星号去掉形成"****ABCASDF***"。
10．从键盘输入一个字符串，形式如"fdd-65-fd44-321-ab-45-548-f55-ab"，字符串中"-"分隔了多个字符串，这些字符串有两种形式：全数字字符串和非全数字字符串，请编程进行处理，将全数字的字符串形式筛选出来进行求和并输出结果：65+321+45+548。

第五章 Java 类与对象

本章学习内容：
- 面向对象编程的基本概念
- Java 类的概念与结构
- 如何定义 Java 类
- 构造函数
- 对象的初始化及使用
- 访问控制修饰符
- 静态修饰符

5.1 面向对象编程基础

面向对象程序设计(Object Oriented Programming，OOP)是目前比较流行的程序设计方法，和面向过程的程序设计相比，它更符合人类的自然思维方式，其主要的思想为：万物皆对象，将现实世界的事物抽象成信息世界中的类与对象，可帮助人们对现实世界进行抽象与建模，并通过面向对象编程来解决现实世界的问题。

在面向过程的程序设计中，程序=数据+算法，数据和对数据的操作是分离的，如果要对数据进行操作，需要把数据传递到特定的过程或函数中；而在面向对象的程序设计中，程序=对象+消息，它把数据和对数据的操作封装在一个独立的数据结构中，对象、对象之间通过消息的传递来进行调用。

1. 面向对象编程的优点

(1) 方便建模：虽然面向对象语言中的对象与现实生活中的对象并不是同一个概念，但很多时候可以将现实生活中对象的概念抽象后稍作修改来进行建模，大大方便了建模的过程。

(2) 模块化：通过封装可以定义对象的属性和方法的访问级别，通过不同的访问修饰符控制对外的接口，防止内部数据在不安全的情况下被修改。

(3) 易维护：采用面向对象思想设计的结构可读性高，继承的存在增加了代码的复用性，即使改变需求，维护也只是在局部模块，方便且成本较低。

(4) 易扩展：通过继承、多态等技术减少冗余代码，并易于扩展现有代码，即在标准的模块上构建程序，而不必一切从头开始，从而提高了编程效率。

2. 面向对象编程的三大特征

(1) 封装。封装即把对象的属性和方法封装成一个独立的单位，并隐蔽对象的内部细节。这主要体现为两方面内容：
① 封装体：把对象的属性和方法结合在一起，形成一个不可分割的独立单位。
② 信息隐蔽：可以通过访问控制符来控制信息对外的公开程度，对象的使用者只是通过预先定义的接口关联到某一对象的行为和数据，而不知道其内部细节。

(2) 继承。继承是在已有的类的基础上进行扩充、改造，得到新的数据类型，可以实现程序的代码复用，它是存在于面向对象程序中的两个类之间的一种关系：当一个类获得另一个类中所有非私有的成员属性和行为时，就称这两个类之间具有继承关系。被继承的类称为父类或超类，继承了父类或超类的属性和行为的类称为子类。

在Java面向对象程序设计中，一个父类可以同时拥有多个子类，每一个子类是父类的特殊化，并且一个子类只能有一个直接父类。

(3) 多态。在继承的基础上，某些类的方法只有在程序运行过程中才能看出具体表现出来的行为，称之为多态性。多态性是增强程序扩展性、可维护性的重要手段和技术。

5.2 类 与 对 象

5.2.1 类的基本概念

类(Class)用来描述具有相同的属性和方法的对象的集合，可以看成是对象的模板，它定义了该集合中所有对象共有的属性和方法，而对象是类的具体实例。

程序设计所面对的问题域——客观世界是由许多事物构成的，这些事物既可以是有形的(比如一个学生、一张桌子)，也可以是无形的(比如一次购买、一次会议)，把客观世界中的事物映射到面向对象的程序设计中就是对象，对象是面向对象程序设计中用来描述客观事物的程序单位。客观世界中的许多对象，无论是其属性还是其行为常常有许多共同性，抽象出这些对象的共同性便可以构成类，所以类是对象的抽象和归纳，对象是类的实例。

Java中的类被认为是一种自定义数据类型，C语言中则可以使用已有的类型作为自定义结构体类型的成员，从而生成新的结构体类型；但是C语言中的结构体类型只是封装了成员变量，Java中的类除封装了成员变量外，还封装了成员方法，由类可以定义具体的实例——对象，每个对象具有自己的成员变量和成员方法。

5.2.2 类的结构与定义

下面以学生类为例，将现实世界中的学生类型Student抽象到程序中。现实世界中的学生是复杂的，有各种属性(学号、姓名、性别、年龄、籍贯、身高、爱好、体重、外貌、习惯、特长、专业、年级、班级、成绩、…)和行为(吃饭、学习、睡觉、跑步、游泳、…)，这不需要一一对应到程序中，那应该抽象学生类的哪些属性、哪些行为呢？

这个问题是如何设计类的问题，类的设计需要根据程序的上下文，也就是软件的需求来进行设计，要清楚在这个程序的上下文中，需要关注的属性，需要处理的数据，需要定义的函数。

1. 学生属性(field)

在学生类众多的属性中,程序设计时有些属性是必要的,如学生的学号、姓名、性别,有些属性就需要根据程序的上下文(软件的需求)进行取舍,比如软件主要用于处理学生的成绩,那么学生的籍贯、身高、爱好、体重、外貌、习惯、特长等等这些属性就可以不用设计到学生类中,这些属性对应到类的结构中,就称为成员变量。

2. 学生行为(method)

真的需要将现实世界中学生的行为设计到学生类中吗?吃饭、学习、睡觉、跑步、游泳等等行为就算想在程序中实现,也很难设计到学生类中(在一些特定的软件环境中可能真的需要对这些行为进行程序实现,比如 3D 游戏)。大多数情况下对于学生类行为设计指的是方法(函数)的定义,对应学生类结构中的成员方法,这些成员方法主要是对学生类数据进行处理,比如显示学生的信息、获取学生的年龄、修改学生的成绩、求学生成绩的平均值等等,它们代表了学生类中提供的功能和服务,并不真的需要实现现实世界中学生的动态行为。

3. 构造函数(Constructor)

学生类中有一类特殊的函数,用于构造出学生类的实例,即具体的学生对象(如名叫张三的学生),这类函数被称为构造函数,在构造学生对象的时候使用 new 来调用。构造函数的作用是生成学生类对象,在函数中一般是对学生属性进行初始化。如果一个构造函数什么也不做,那生成的学生实例就类似一张白纸,只表示有这么一个学生,但是学生的各个属性没有值。

上述内容定义一个学生类的主要结构,如图 5-1 所示。

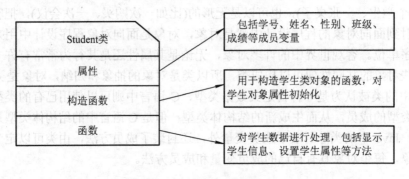

图 5-1 Student 类结构

程序示例 5-1 学生类的定义(类的结构)。

程序段(Student1.Java)

```
public class Student1 {
    int num;
    String name;
    String gender;      成员变量
    double score1;
    double score2;
```

```
    public Student1() {                              构造函数
    }
    public double getAverage(){                      成员方法1
        double aver;
        aver = (score1 + score2) / 2;
        return aver;
    }
    public void showInfo(){                          成员方法2
        System.out.println("学号： " + num);
        System.out.println("姓名： " + name);
        System.out.println("性别： " + gender);
        System.out.println("平均分： " + getAverage());
    }
}
```

程序分析：

(1) 定义一个学生类使用 class 关键字，如：

```
    public class Student1 {
        …
    }
```

该类的名字 Student1 要与文件名 Student1.java 一致，花括号 { } 之间是类的定义。

(2) 该类有五个成员变量，对应学生类的五个属性，即学号、姓名、性别、分数1、分数 2。对每个属性需要定义属性的类型，比如学号的类型可以是 int，也可以是 String，这需要根据学生的学号取值来定。如果学号全是整数，可以使用 int，也可以使用 String；如果有其它字符，就只能使用 String。

(3) 成员变量还有一些其它的修饰符，如访问控制符，静态修饰符 static，终态修饰符 final 等，会在后面具体说明。

(4) 该类具有一个空的构造函数(目前暂时不用，具体在后面进行说明)，使用 new 来调用该函数能够生成一个 Student 类的对象。

(5) 成员方法 1 用于求一个学生对象两科分数的平均分。

(6) 成员方法 2 用于显示学生对象各个成员变量的信息。

5.2.3 对象的基本概念

对象(object)是类的一个具体实例(instance)，每个对象都有自己的成员变量和成员方法，在堆内存中具有一段内存空间以保存自己的成员变量，例如张三是学生类的一个具体学生对象。

上一节定义好了 Student 类，将现实世界的学生抽象到了程序中，这一节在程序中由该类产生具体的学生对象实例，如图 5-2 所示。

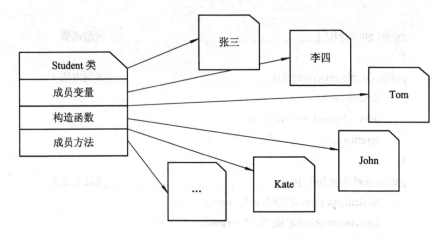

图 5-2 Student 类与对象

定义好了 Student 类，就可以由类生成对象，主要语法是使用 new 调用类的构造函数，在堆内存区域获得一个对象的内存空间，在该空间中存放该对象的成员变量的值。例如语句"Student s1 = new Student();"表示使用 Student 类生成了一个该类的对象，使用 s1 这个引用变量指向该对象，具体的内存示意图如图 5-3 所示。

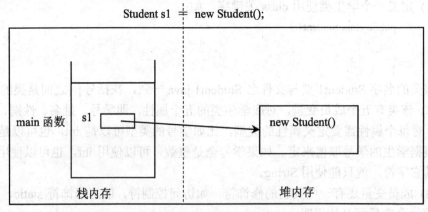

图 5-3 Student 对象内存示意图

如图所示，假设在 main 函数中定义了 Student 的对象 s1，与数组一样，要注意等号左边和右边的概念：等号左边为 Student s1，表示定义了一个 Student 类型的引用变量，类似于 C 语言的指针变量，指向等号右边 new Student()，这个是堆内存分配的对象所占有的内存空间，用以保存对象的成员变量。在不引起歧义的情况下，称 s1 是学生类的对象，但一定要记住 s1 的本质是一个引用变量，指向堆内存中的真正对象。

5.2.4 对象的初始化

1. 对象成员的类型

如何给 s1 对象中的成员进行赋值呢？首先要分清楚对象的成员有哪些类型，对象成员变量的类型主要有基本数据类型、JDK 预定义类型和用户自定义类型。

1) 基本数据类型

如果某个成员变量是基本数据类型，即使没有进行初始化，Java 也会确保其有一个默认值，如表 5-1 所示。

表 5-1 基本数据类型默认值

基 本 类 型	默 认 值
byte	(byte)0
short	(short)0
int	0
long	0L
boolean	false
char	null
float	0.0f
double	0.0

注：只有对象成员变量才会有这些默认值，对于在函数中定义的基本数据类型局部变量，如果只定义而没有初始化就使用是会报错的。

2) JDK 预定义类型

预定义类型即 JDK 自带的类，例如常用的字符串类 String，学生类中很多成员变量都是 String 字符串类型的，如名字、性别、班级等等。JDK 庞大的类库能够方便程序员构造程序，比如可以使用 Date 或者 Calendar 类来作为学生类的出生日期成员变量(出生日期)。在使用这些类作为成员变量类型时可查询 JDK 帮助文档，了解这些类的用法。

3) 用户自定义类型

也可以使用用户自定义的类型来作为成员变量的类型，比如可以在学生类中定义一个 Teacher(教师)类型的成员变量，表示学生的班主任属性，那么在生成学生类对象的时候就要生成一个 Teacher 类对象作为该学生类对象的一个对象成员。

2. 对象的初始化

学生类对象的初始化有以下两种方式：

(1) 使用圆点成员运算符(.)。"."直接对指定对象的成员变量进行赋值：

　　s1.num = 101;

　　s1.name = "张三";

　　s1.gander = "男";

　　s1.score1 = 80.0;

　　s1.score2 = 74.0;

(2) 使用构造函数。构造函数的主要作用是对成员变量进行初始化。可以在类中定义不同参数的多个构造函数来对成员变量进行初始化(在一个类中有多个同名的函数，但是参数列表不同，这称为函数重载，在调用函数时根据传入的参数来决定具体调用哪个函数)，前面的 Student 类中只有一个空的构造函数：

　　public Student1() {

　　}

如果认为生成一个学生对象必须给出学生的学号、姓名、性别，可以在考完试之后再对分数数据进行设置，可以在上述 Student1 类定义中加入一个对这三个成员变量进行初始化的构造函数：

```
public Stduent1(int n, String s, String g){          构造函数重载
    num = n;
    name = s;
    gander = g;
}
```

定义好了之后，就可以调用该构造函数来生成学生类对象，如：

```
Student1 s1 = new Student1(102, "李四", "男");
```

函数定义的三个参数(int n, String s, String g)是函数的形参，也是函数定义的局部变量。使用 new 调用该函数来生成学生类对象时，传入三个实参(102, "李四", "男")，分别交给 n、s、g，然后该构造函数的函数体将这三个实参赋值给成员变量 num、name 和 gander，这个赋值的内存示意图如图 5-4 所示。

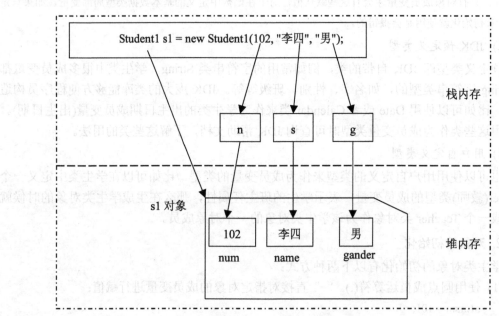

图 5-4 Student 对象生成的内存示意图

如果刚好把构造函数的三个局部变量写成与对象成员变量名一样，该如何赋值呢？

```
public Student1(int num, String name, String gander){
    num = num;           ×
    name = name;         ×
    gander = gander;     ×
}
```

这样的形式肯定是不行的，"num = num;"，系统无法区分谁是成员变量，谁是局部变量，只能报错，所以这时候就需要使用 this 关键字来区分谁是成员变量：

```
public Student1(int num, String name, String gander){
    this.num = num;      √
    this.name = name;    √
    this.gander = gander; √
}
```

等号左边使用 this 带出来的 num 就是对象的成员变量，等号右边就是构造函数的局部变量 num。

3. this

上述构造函数是写在 Student1 类定义中的，定义该类的时候，是无法知道将要生成的对象名字是什么，所以用 this 这个关键字来代替将要生成的对象的名字，以构成"对象名.成员名"的形式，所以可以称 this 为"当前(将要生成)对象的引用"。

除了构造函数能够对成员变量初始化外，还可以使用一些成员函数来对指定的成员变量赋值或修改，如：

```
public void setNum(int num){
    this.num = num;
}
```

某个 Student1 类对象调用该函数，传入一个 num 值，就能对该对象的成员变量 num 进行赋值/修改。和构造函数不同的地方在于，构造函数是用来生成对象，并使用 new 来调用的，而这个 setNum 方法是由已生成的 Student1 对象来调用。

定义类的目的主要是生成对象，有了对象就能保存对象的成员变量值，并且调用对象的成员方法，这是面向对象编程的主要操作。成员方法往往代表了要提供的功能或服务，比如 Student1 类中有两个成员方法，一个是用于求对象两个成员变量的平均分，一个是用于显示对象的信息。

下面在 Student1 类的基础上进行修改，加入构造函数的重载，对分数修改成员方法，得到 Student2 类。

程序示例 5-2 定义学生类。

程序段(Student2.java)

```
public class Student2 {
    int num;
    String name;                              成员变量
    String gender;
    double score1;
    double score2;

    public Student2() {                       构造函数1
    }
    public Student2(int num, String name, String gender) {   构造函数2
        this.num = num;
        this.name = name;
```

```
            this.gender = gender;
        }
        public double getAverage(){                      求对象的平均分
            double aver;
            aver = (score1 + score2) / 2;
            return aver;
        }
        public void showInfo(){                          成员方法1：显示对象信息
            System.out.println("学号：" + num);
            System.out.println("姓名：" + name);
            System.out.println("性别：" + gender);
            System.out.println("平均分：" + getAverage());
        }
        public void setScore1(double score1){            成员方法2：设置score1
            this.score1 = score1;
        }
        public void setScore2(double score2){            成员方法3：设置score2
            this.score2 = score2;
        }
    }
```

程序分析：

(1) Student2 类中具有两个构造函数的重载，在生成该类对象的时候，根据是否传入参数来区分调用哪个构造函数。

(2) Student2 类中使用 this 来区分同名的成员变量和局部变量。

(3) 定义好 Student2 类，在后面就能够使用该类产生对象，并使用对象去调用其成员，完成相应的程序功能。

程序示例 5-3　由学生类生成学生对象，并使用对象。

程序段(TestStudent2.java)

```
    public class TestStudent2 {
        public static void main (String[] args) {
            Student2 s1 = new Student2();                定义对象
            s1.num = 101;
            s1.name = "张三";                            对对象成员进行赋值
            s1.gender = "男";
            s1.score1 = 80.0;
            s1.score2 = 74.0;
            s1.showInfo();                               调用对象成员方法
            System.out.println("------------分隔线 1------------");
            Student2 s2 = new Student2(102,"李四","男");
```

第五章　Java 类与对象

```
            s2.score1 = 90;
            s2.score2 = 70;
            s2.showInfo();
            System.out.println("------------分隔线 2------------");
            Student2 s3 = new Student2(103,"Kate","female");
            s3.setScore1(100);
            s3.setScore2(70);
            s3.showInfo();
        }
    }
```

程序结果：

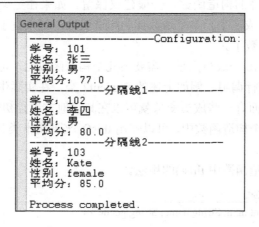

程序分析：

(1) 定义 Student2 的目的是生成学生类对象，对对象进行初始化、赋值，让对象能获得并保存相应的数据，然后使用对象调用成员函数完成相应的程序功能。这是面向对象编程最为常见的操作。

(2) 这里定义了两个类，即 Student2 和 TestStudent2，一个抽象了现实世界中的实体类，表示学生；一个使用 Student2 构建程序，运行该类的 main 函数来测试学生类对象的初始化和使用。

5.3　构 造 函 数

构造函数(constructor)是某个类用来生成该类对象的一类特殊函数。这里对构造函数总结如下：

1. 构造函数的特点

(1) 构造函数的名字必须与类名一致。

(2) 构造函数没有返回值类型。我们知道，函数定义的三要素中必须要有返回值类型，即使函数没有返回值，在定义的时候也要用 void 修饰，但是构造函数既没有返回值类型也没有用 void 修饰。

2．构造函数的作用

(1) 构造函数是使用 new 生成对象的时候被调用的函数。

(2) 构造函数的功能主要是对对象成员变量进行初始化，在生成对象的时候能让一些成员变量获得值。

(3) 可以按照程序的上下文和需求在对对象初始化的时候进行一些特定的操作，例如对构造函数实参的值范围进行检测等，但是不建议在该函数内进行复杂的逻辑处理，毕竟构造函数的主要作用是生成对象和初始化对象。

3．构造函数的重载

(1) 一个类中具有多个构造函数，但是参数列表不同，比如 Student2 类中就有两个构造函数，一个是没有参数的，一个有三个参数对三个成员变量进行初始化。

(2) 无参且空函数体的构造函数，一般建议保留。如果在定义类的时候一个构造函数都没写，系统会自动生成一个无参空函数体的构造函数；如果有了一个构造函数，系统就不会再自动生成构造函数了。

(3) 如果一个类有 10 个成员变量，需要写几个构造函数呢？可以根据软件需求进行取舍，以方便在程序中进行调用。例如上述的 Student2 类，在实际生成对象的时候，必须对 3 个成员变量初始化，而有一些成员变量就可以在其它地方进行初始化。

(4) 在一个类的一个构造函数中，可以使用 this() 来调用本类其它的构造函数，如程序 5-4 所示。

程序示例 5-4　构造函数中 this() 的用法。

程序段(Student3.java)

```
public Student3(int num, String name, String gender) {
    this.num = num;
    this.name = name;
    this.gender = gender;
}

public Student3(int num, String name, String gender, double score1, double score2) {
    this(num, name, gender);
    this.score1= score1;
    this.score2= score2;
}
```

调用另一个构造函数，避免代码重复

5.4　成员修饰符

在定义学生类的时候，对于类中定义的成员变量和方法，还有一些修饰符，例如访问控制符、静态修饰符(static)、终态修饰符等。

5.4.1 访问控制符

Java 提供了 3 个访问控制符，即 private、protected 和 public，分别代表了三种访问控制级别，另外还有一个不加任何访问控制符的访问控制级别，共四个访问控制级别。Java 访问控制符的开放性如图 5-5 所示，越往右边，成员的可见性和可访问性越趋于公开。

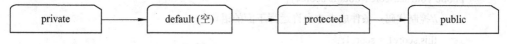

图 5-5 访问控制符的开放性

1. private（私有访问权限）

如果类中的一个成员(包括成员变量、方法和构造器等)使用 private 访问控制符来修饰，则这个成员只能在当前类的内部被访问，对于外部类是不可见的。private 访问控制符用于修饰成员变量较合适，使用它来修饰成员变量就可以把成员变量隐藏在该类的内部，外部的类就不能直接使用"对象名.成员名"的方式来直接访问该成员了。

如上述例子，对于 Student2 类的成员 score1 进行私有化修饰：

  private double score1;

则在 TestStudent 类中对学生类的私有成员 score1 是不可见的，所以不能这样直接赋值：

  s1.score1 = 80.0; ×

私有成员不能直接访问，但可以通过该类的成员函数来对其进行赋值修改：

  s1.setScore1(80.0); √

对于成员变量而言，采用 private 修饰，能够对成员变量进行隐藏，让外部类不能轻易地通过"对象名.成员名"方式直接查看或修改成员变量的值。对于私有成员，往往要使用 getter-setter 方法来获取值、设置修改值，下面以 score1 成员变量为例：

```
public class Student2{
    ...
    private double score1;
    ...
    public double getScore1(){          │
        return score1;                  │  getter 方法
    }                                   │
    public void setScore1(double score1){ │
        this.score1 = score1;           │  setter 方法
    }                                   │
}
```

这样，在 TestStudent 类中要访问 s1 对象的 score1 这个私有成员，就需要用到 getter 方法来获得私有成员变量的值：

  double s = s1.getScore1();

如果需要修改 s1 对象的 score1 分数为 75.0，则需要使用 setter 方法：

  s1.setScore1(75.0);

为什么要采用较复杂的 getter-setter 方法，而不直接使用"对象名.成员名"方式直接来获取/修改成员变量呢？原因如下：

(1) 采用 getter-setter 方法能隐藏、保护对象的成员变量的数据。

(2) 采用 getter-setter 方法的方式访问和设置对象的成员，可以在方法中实施访问、权限、日志记录、修改值范围等控制，如：

```
public void setScore1(double score1){
    //控制代码：条件成立才允许运行下面的语句
    this.score1 = score1;
}
```

2. default（包 package 访问权限）

如果类里的一个成员(包括成员变量、方法和构造器等)不使用任何访问控制符修饰，就称它为包(即文件夹)访问权限。default 访问控制的成员可以被处于同一个包下的其他类访问。在初学 Java 阶段，使用这个进行访问控制较为简便。

3. protected (子类访问权限)

如果一个成员(包括成员变量、方法和构造器等)使用 protected 访问控制符修饰，那么这个成员既可以被同一个包中的其它类访问，也可以被不同包中的子类(在后面的继承知识点中将涉及)访问。

4. public (公共访问权限)

这是一个最开放的访问控制级别，如果一个成员(包括成员变量、方法和构造器等)或者一个外部类使用 public 访问控制符修饰，那么这个成员或外部类就可以被所有类访问，不管访问类和被访问类是否处于同一个包中，是否具有父子继承关系，都可以直接使用"对象名.成员名"方式进行访问或设置。

访问控制修饰符的总结如表 5-2 所示。

表 5-2 访问控制修饰符

	private	default	protected	public
同一个类	√	√	√	√
同一个包		√	√	√
子类			√	√
全局范围				√

5.4.2 static 修饰符

static 修饰符可以修饰一个类的成员变量、成员方法和内部类等。

1. static 修饰成员

在第 3.5.2 节中提到，类定义中的方法分为两种：

(1) 对象成员：不带 static 修饰符，要使用该成员，必须先生成该类的对象，由对象调用该成员。

(2) 类成员：带 static 修饰符，可以由类名或者对象名来调用该成员，这样的成员在内存中只有一个副本。

2. static 修饰符的特点

(1) static 修饰的成员(变量/方法)，随着所在类的加载而被加载。当 JVM 把类的字节码加载进 JVM 的时候，static 修饰的成员已经在内存中存在了，优先于对象的存在，对象只有通过 new 创建出来后才会在堆内存中出现。

(2) static 修饰的成员被该类型的所有对象所共享；该类创建出来的任何对象，都可以访问 static 成员；每个对象在内存中都有自己的副本，但是不管一个类具有多少个对象，static 成员都只有一个副本。

(3) 静态方法只能访问静态成员，非静态方法既可以访问静态的又可以访问非静态的成员；主函数 main 是静态的，main 函数要直接调用哪个函数，那个函数也必须是静态的。

(4) 静态变量存储在方法区的静态区中。

程序示例 5-5 在 Student2 的基础上进行修改，让 score1 成为私有成员，加入一个静态成员，对私有成员加 getter 和 setter 方法，以便于在外部类对 score1 进行访问和修改。

<u>程序段(Student3.java)</u>

```
public class Student3 {
    int num;
    String name;
    String gender;
    private double score1;                          改为私有成员
    double score2;
    final static String school = "第一实验小学";      静态成员
    public Student3(int num, String name, String gender) {
        this.num = num;
        this.name = name;
        this.gender = gender;
    }
    public Student3(int num, String name, String gender, double score1, double score2)
    {
        this(num, name, gender);
        this.score1= score1;
        this.score2= score2;
    }
    public double getAverage(){                     求该类对象平均分成绩
        double aver;
        aver = (score1 + score2) / 2;
```

```
        return aver;
    }
    public void showInfo(){                              显示学生对象信息
        System.out.println("学号: " + num);
        System.out.println("姓名: " + name);
        System.out.println("性别: " + gender);
        System.out.println("平均分: " + getAverage());
    }
    public double getScore1(){                           访问 score1 的 getter 方法
        return score1;
    }
    public void setScore1(double score1){                设置 score1 的 setter 方法
        this.score1 = score1;
    }
    public void setScore2(double score2){
        this.score2 = score2;
    }
}
```

程序示例 5-6 求一个班上平均分的最高和最低分的学生。使用上述 Student3 类来生成一个班的学生对象,对这些对象初始化,然后求班上平均分最高和最低的学生。

程序段(TestStudent3.java)

```
        Student3[] s = new Student3[5];                  假设班上只有 5 个学生
        for (int i = 0; i<s.length; i++) {
            s[i] = new Student3(100+i,"Tom"+i, "男");    对班上学生进行初始化
        }
        s[0].score2 = 65;                                对各个学生的成绩进行赋值
        s[1].score2 = 60;
        s[2].score2 = 75;
        s[3].score2 = 80;
        s[4].score2 = 55;
        s[0].setScore1(72);                              私有成员只能通过 set 方法赋值
        s[1].setScore1(80);
        s[2].setScore1(70);
        s[3].setScore1(55);
        s[4].setScore1(78);
        System.out.println("学校名称: " + Student3.SCHOOL);  类名调用静态成员
        for (int i = 0; i<s.length; i++) {
            s[i].showInfo();                             显示各个学生对象信息
            System.out.println("---------------");
```

```
        }
        double max,min;                              max、min 记录最高、最低平均分
        max = min = s[0].getAverage();
        int maxIndex,minIndex;                       记录最高、最低平均分学生下标
        maxIndex = minIndex = 0;
        for (int i = 1; i<s.length; i++) {           遍历 s 数组寻找最高、最低分
            if(max < s[i].getAverage()){
                max = s[i].getAverage();
                maxIndex = i;
            }
            if(min > s[i].getAverage()){
                min = s[i].getAverage();
                minIndex = i;
            }
        }
        System.out.println("the max average is:" + max);
        System.out.println("取得最高平均分的学生是:" + s[maxIndex].name);
        System.out.println("the min average is:" + min);
        System.out.println("取得最低平均分的学生是:" + s[minIndex].name);
```

程序结果：

```
General Output
--------------------Configuration: <Default>
学校名称：第一实验小学
学号：100
姓名：Tom0
性别：男
平均分：68.5
-----------------
学号：101
姓名：Tom1
性别：男
平均分：70.0
-----------------
学号：102
姓名：Tom2
性别：男
平均分：72.5
-----------------
学号：103
姓名：Tom3
性别：男
平均分：67.5
-----------------
学号：104
姓名：Tom4
性别：男
平均分：66.5
-----------------
the max average is:72.5
取得最高评分的学生是:Tom2
the min average is:66.5
取得最低评分的学生是:Tom4

Process completed.
```

程序分析：

(1) 构建 Student3[]类型的学生数组 s，对于数组每个元素及学生对象需要进行对象初始化。使用 new 进行学生对象初始化的时候，只对 3 个成员变量进行初始化：学号、姓名和性别。

(2) 初始化学生对象之后对每个对象的分数进行赋值，成员变量 score2 是默认的访问控制修饰符，可以直接使用"="进行赋值；而成员变量 score1 是 private 访问控制符，所以对 score1 进行分数设置时，需要通过"s[0].setScore1(72);"这种方式来修改成绩。

(3) 对班上学生对象进行初始化，设置分数，就可以遍历学生数组，找出最高、最低分数，以及取得该分数的学生在数组中的下标，再通过下标找出对应的学生对象，使用 showInfo()方法显示学生信息。

本 章 小 结

1．类(Class)是用来描述具有相同属性和方法的对象的集合，可以看成是对象的模板，它定义了该集合中每个对象所共有的属性和方法。对象是类的具体实例。

2．如何定义类是面向对象编程的重要工作，类的结构主要包括成员变量、构造函数和成员方法等。

3．由类生成对象使用关键字 new 调用类的构造函数来完成。构造函数主要是对对象成员进行初始化。

4．this 具有两种用法：一是当前对象引用调用 num 成员(this.num = num;)；二是 this()调用本类的另外一个构造函数。

5．使用对象主要是使用成员运算符(.)调用对象的成员，包括成员变量和成员函数。

6．Java 提供了 3 个访问控制符(private、protected、public)和 4 个访问级别来控制类中成员对外的可见性。

7．static 静态修饰符如果修饰一个类的成员方法，该方法就变成类成员，可以由类名直接调用；没有 static 修饰的成员方法，必须先产生对象再由对象调用。

习 题 五

一、简答题

1．Java 的面向对象有哪三大特征？
2．Java 的类与 C 语言的自定义结构体类型有什么异同？
3．如何定义一个类？类的结构是怎样的？
4．成员变量与局部变量的区别是什么？如何区分同名的成员变量与局部变量？
5．构造函数的特征是什么？主要用来干什么？
6．什么是函数的重载(overload)？
7．this 代表什么含义，它的用法有哪些？
8．Java 的访问控制符有哪些，访问级别是怎样的？

9．什么是覆盖(overriding)？
10．类的一个成员被 static 修饰代表什么含义？

二、操作题

1．请参考文中的 Student3 类，编写一个 TestStudent 类，该类完成以下操作：
(1) 初始化 10 个学生的数组，让 10 个学生的属性获得相应的值。
(2) 求出这 10 个学生中两科成绩平均分低于班上所有学生平均分的学生。
(3) 输出这些学生的信息。

2．在文中 Student3 类的基础上，进行下列操作：
(1) 对学生类添加新的属性：hight 身高(单位：米)，weight 体重(单位：千克)。
(2) 添加一个新的求学生 BMI 指数(身体质量指数，Body Mass Index，BMI)的成员方法。BMI 是用体重(千克)除以身高(米数平方)得出的数字，是目前国际上常用的衡量人体胖瘦程度以及是否健康的一个标准。
(3) BMI 值：
➢ 过轻：低于 18.5；
➢ 正常：18.5~23.9；
➢ 过重：24~27；
➢ 肥胖：28~32；
➢ 非常肥胖，高于 32。

(4) 编写 TestStudentBMI 类，在该类中完成以下操作：
① 初始化 10 个学生的数组，让 10 个学生的属性获得相应的值。
② 求出这些学生的 BMI 值，并统计各个指标中分别有哪些学生。

第六章 Java 继承与抽象类

本章学习内容：
- 继承的基本概念
- 继承的语法
- final 修饰类、成员变量和成员方法
- Object 类
- 抽象类

6.1 继承的概念

继承是所有 OOP 语言不可缺少的组成部分，是面向对象的三大特征之一，也是实现代码重用的重要手段。

利用继承机制，可以先创建一个具有共有属性的一般类，然后根据该一般类再创建具有特殊属性的新类。新类继承一般类的状态(成员变量)和行为(成员方法)，并根据新类的情况增加或改变具有新类特征的新的状态和行为。由继承得到的新类称为子类，被继承的一般类称为父类(超类)。

Java 的继承具有单根、单继承的特点，每个子类有且仅有一个直接父类，并且所有的类都来自于一个"根"——Object 类。例如，定义了动物类 Animal，动物类下面有各种子类，Dog、Fish、Bird 等等，而这些子类下面可能还有更为具体的类，如 Dog 下面还有斗牛犬(Bulldog)、萨摩耶犬(Samoyed)、贵宾犬(Poodle)、哈士奇(Husky)等等各种类型的狗，对于 Java 语言，就会形成如图 6-1 所示的继承层次。

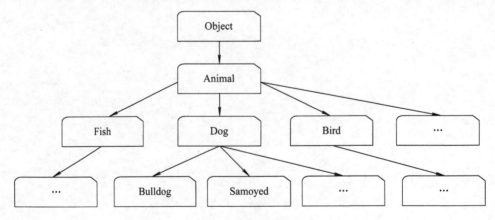

图 6-1 继承层次结构

从上面的继承可以看出，定义了 Animal 类，下面有若干子类，而 Animal 本身也是 Object 类的子类；每一个类(除了 Object)有且仅有一个父类，也即每个儿子都只能有一个亲生父类。Java 没有多重继承的概念(一个儿子有多个亲生父亲)。

6.2 继承的基本语法

在类的声明中，通过使用关键字 extends 来声明一个类的子类。但是，为什么继承不用单词 inherit，而用 extends 呢？extends 是扩展的意思，Java 的继承是子类得到了父类的成员，但更重要的是根据子类的特征扩展出新的成员或者根据修改继承得到成员方法。

例如，

  Animal 父类：class Animal{ ... }
  Animal 子类：class Fish extends Animal{ ... }
  Animal 子类：class Dog extends Animal{ ... }
  Animal 子类：class Bird extends Animal{ ... }
  Dog 子类：class Bulldog extends Dog{ ... }
  Dog 子类：class Samoyed extends Dog{ ... }
  ...

程序示例 6-1 动物类的继承程序(三个类：Animal、Dog、TestAnimal1)。

<u>程序段(Animal.java)</u>

```
    public class Animal {
        String name;
        double weight;                              成员变量：名字、重量
        public Animal() {
        }
        public Animal(String name,double weight) {
            this.name = name;
            this.weight = weight;
        }
        public void showInfo(){                     成员方法：显示动物类的信息
            System.out.println("名称： " + name);
            System.out.println("重量： " + weight);
        }
        public void move(){                         成员方法：文字方式展示动物的行为
            System.out.println("Animal:" + name + ", is moving!");
        }
    }
```

程序示例 6-2 动物类的子类 Dog 类。

<u>程序段(Dog.java)</u>

```
    public class Dog extends Animal{
```

```
    String color;                                          新增成员变量
    public Dog() {
    }
    public Dog(String name,double weight, String color) {
        super(name, weight);
        this.color = color;
    }
    public void showInfo(){                                方法重写
        super.showInfo();
        System.out.println("颜色：" + color);
    }
    public void move(){                                    方法重写
        System.out.println("Dog:" + name + " is running!");
    }
}
```

程序分析：

(1) 狗类 Dog 继承了动物类 Animal，获得了 Animal 的两个成员变量，即名字 name 和重量 weight，扩展了一个新的成员 color。

(2) super 是 Java 的一个关键字，具有两种用法：

① "super(name, weight);" 表示调用父类的构造函数，将局部变量 name 和 weight 传入 Animal 的构造函数，对 name 和 weight 两个成员变量进行初始化。(注：这个用法只能用在构造函数的第一句话中！)

② "super.showInfo();" 表示调用父类的成员方法 showInfo()，这样就能够显示名称 name 和重量 weight，就避免在子类中还要重复写这两条输出语句，这也是代码重用的一种方式。

(3) 在狗类 Dog 中，继承了 Animal 类的两个成员方法，但是根据 Dog 类的特征进行了重写(override)，从而这两个方法具有 Dog 类的特征，即颜色 color，move 方式是 running。

(4) 重写(override)即子类继承父类的某个成员方法，并在子类中改写该方法的方法体，使之具有子类的特征。

程序示例 6-3   测试 Dog 类。

程序段(TestAnimal1.java)

```
public class TestAnimal1 {
    public static void main (String[] args) {
        Dog dog1 = new Dog("丁丁", 15.5, "Light brown");
        dog1.showInfo();
        dog1.move();
    }
}
```

程序结果：

```
General Output
--------------------Configuration:
名称：丁丁
重量：15.5
颜色：Light brown
Dog:丁丁 is running!

Process completed.
```

6.3 UML 图

统一建模语言(Unified Model Language，UML)又称标准建模语言，是用来对软件密集系统进行可视化建模的一种语言。对于 Java 的类以及类的继承，可以使用 UML 图来表示，它能让我们在编写具体程序代码之前对软件系统有一个全面的认识，便于对软件系统进行建模与设计。

上述 Dog 类继承 Animal 类的 UML 图如图 6-2 所示。

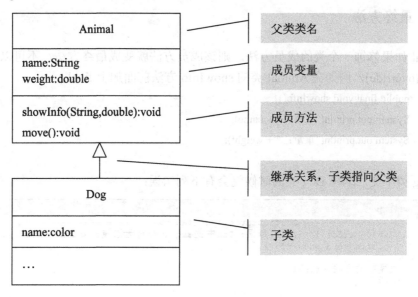

图 6-2 继承关系 UML 图

图中，
(1) 类的 UML 图使用三格方格表示，分别是类名、成员变量和成员方法。
(2) 类的继承关系使用空心箭头来指向，由子类指向父类。

6.4 final 修饰符

final 是 Java 的一个关键字，表示最终/终态。final 可以修饰类、成员变量以及成员方法。

6.4.1 最终类

final 修饰类，即在定义类的时候加上 final 修饰符，例如在 Animal 类定义时加上 final：
  public final class Animal { ... }
则在编译 Animal 子类的时候就会发现编译错误：

```
Build Output
--------------------Configuration: <Default>--------------------
D:\JavaCode\Dog.java:10: 错误: 无法从最终Animal进行继承
public class Dog extends Animal{
                         ^
1 个错误
Process completed.
```

如果一个类在定义的时候加上 final，该类就变成最终类，不可以被其它类继承。因此 final 能够保护某些类不被继承，因为一旦被继承，该类的成员就会被子类获得。

6.4.2 最终方法

final 如果修饰一个类的成员方法，则该成员方法就变成最终方法，不可以被子类所重写/覆盖(override)，例如在 Animal 类的 showInfo 方法前面加上 final：
  public <u>final</u> void showInfo(){
    System.out.println("名称：" + name);
    System.out.println("重量：" + weight);
  }
Dog 类不变，编译 Dog 类的时候就会有下列错误：

```
Build Output
--------------------Configuration: <Default>--------------------
D:\JavaCode\Dog.java:21: 错误: Dog中的showInfo()无法覆盖Animal中的showInfo()
    public void showInfo(){
                ^
  被覆盖的方法为final
1 个错误
Process completed.
```

对一些特定的方法用 final 修饰，可以避免被子类重写。

6.4.3 最终变量

final 如果修饰一个类的成员变量，该成员变量就类似于符号常量。符号常量在运行期间不允许再发生变化，所以常量在声明时要求必须指定该常量的值，并且之后不能被改变。一个成员变量若被 static 和 final 两个修饰符所限定，它实际的含义就是全局常量。

例如：在 Student3 类中定义的 "final static String school = "第一实验小学";"，数学上常见的 π 的定义 "static final double PI = 3.14159;"。在声明 PI 的时候就必须对 PI 进行赋值，

之后不允许对 PI 进行赋值改变，PI 就相当于一个符号常量，值为 3.14159。

6.5 Object 类

在本章的开头介绍过，Java 的继承是单根单继承，其中的 java.lang.Object 类是所有类的根，所有的类都是直接或间接地继承该类而得到的；如果某个类没有使用 extends 关键字继承某个类，则该类就为 java.lang.Object 类的子类。

既然 Object 类是所有类的最终父类，那么 Object 类中的成员将被所有类所继承，该类主要的成员方法如表 6-1 所示。

表 6-1　Object 的主要方法

返回值类型	方法及描述
boolean	equals(Object obj)　指示其它某个对象是否与此对象"相等"
Class<?>	getClass()　返回此 Object 的运行时类
int	hashCode()　返回该对象的哈希码值
String	toString()　返回该对象的字符串表示
protected Object	clone()　创建并返回此对象的一个副本

注：还有几个与多线程有关的方法没有列出，如 notify、notifyAll 以及 wait。

6.5.1　equals()方法

equals()方法用以判断两个对象是否相等。

自定义的类获得 Object 类的这个方法，可以在自定义类中重写这个方法，按照自定义的规则判断两个对象什么情况下相等，什么情况下不相等。比如要比较两只狗类的对象是否相等，我们自定义的规则是：如果两只狗的名字相同，就认为两只狗相等，在 Dog 类中加入对 equals 函数的重写。

程序示例 6-4　重写 equals()方法。

程序段(Dog.java)

```
    public boolean equals(Dog dog){
        if(this.name.equals(dog.name))         调用 String 类的 equals 来判断名字是否相等
            return true;
        else
            return false;
    }
```

程序分析：

(1) 在 Dog 类中写的这个方法,是用来判断当前的 Dog 对象与传入的 Dog 对象是否相等。

(2) 比较两个 dog 的名字采用的是 String 类的 equals 方法，前面第 4.2.1 节介绍过，要判断两个字符串的内容是否相等，就要使用 equals 方法来比较。

(3) "if(this.name.equals(dog.name))" 中，this.name 是 Dog 类当前对象的名字字符串，要比较的是传入的 Dog 对象 dog.name，如果两个名字相等就返回 true，否则返回 false。

程序示例 6-5 测试 Dog 类的 equals 方法。

程序段(TestDogEquals.java)

```
public class TestDogEquals {
    public static void main (String[] args) {
        Dog dog1 = new Dog("dog1", 15.5, "Light brown");
        Dog dog2 = new Dog("dog1", 18, "black");
        Dog dog3 = new Dog("dog3", 25.1, "gray");
        if(dog1.equals(dog2))                         判断 dog1 和 dog2 对象是否相等
            System.out.println("dog1 == dog2");
        else
            System.out.println("dog1 != dog2");
        if(dog1.equals(dog3))                         判断 dog1 和 dog3 对象是否相等
            System.out.println("dog1 == dog3");
        else
            System.out.println("dog1 != dog3");
    }
}
```

程序结果：

```
General Output
--------------------Configuration:
dog1 == dog2
dog1 != dog3

Process completed.
```

6.5.2 toString()方法

toString()方法用以返回对象的字符串表示形式。

例如，定义一个 Dog 对象：

Dog dog1 = new Dog("丁丁", 15.5, "Light brown");

该语句意为：定义一个 Dog 类对象 dog1，这只狗的名字叫丁丁，重量 15.5 斤，棕黄色毛。我们说 dog1 是 Dog 的对象，但 dog1 实际上是一个 Dog 类型的引用变量，如果直接输出 dog1，输出的是该变量保存的在堆内存中的 Dog 对象的地址，如运行"System.out.println(dog1);"程序语句，则会出现下图结果：

```
General Output
--------------------Configuration:
Dog@170bea5

Process completed.
```

其中的"Dog@170bea5"是什么？

它是 Dog 类型的对象在内存中的首地址，即 170bea5。

如果希望把一个 Dog 类对象的引用变量放入输出语句时能够输出狗的信息，那么就要在 Dog 类中重写 toString 方法。

程序示例 6-6　重写 toString()方法。

程序段(Dog.java)

```
public String toString(){                                    重写 toString 方法
    String s = "Dog 名称:" + name + ", 重量:" + weight + ", 颜色:" + color ;
    return s;
}
```

然后，试着生成一只 Dog 对象并放入输出语句。

程序示例 6-7　测试 toString()方法。

程序段(TestDogToString.java)

```
public class TestDogToString {
    public static void main (String[] args) {
        Dog dog1 = new Dog("丁丁", 15.5, "Light brown");
        System.out.println(dog1);
    }
}
```

程序结果：

```
General Output
---------------------Configuration: <Default>-----------------
Dog名称:丁丁, 重量:15.5, 颜色:Light brown

Process completed.
```

思考：toString 和输出语句之间有什么关系？

6.5.3　getClass()方法

getClass()方法用以获取对象的类型。

任何一个对象都可以调用 getClass()方法获得该对象类型，可以把该方法的返回值赋值给 Java 的类类型(Class)对象，该对象能够获取该类型的相关信息。

程序示例 6-8　使用 getClass 方法。

程序段(TestDogGetClass.java)

```
public class TestDogGetClass {
    public static void main (String[] args) throws Exception{
        Dog dog1 = new Dog("丁丁", 15.5, "Light brown");
        Animal animal1 = new Animal("animal1",30);
        Animal animal2 = new Dog("毛毛", 18, "white");
        Class c = dog1.getClass();                     获取 dog1 对象的类型信息
```

```
            System.out.println(c);
            System.out.println(c.getSuperclass());
            System.out.println(animal1.getClass());
            System.out.println(animal2.getClass());
        }
    }
```

程序结果：

```
General Output
--------------------Configuration:
class Dog
class Animal
class Animal
class Dog

Process completed.
```

程序分析：

(1) "Class c = dog1.getClass();" 获取 dog1 对象的类型，赋值给类类型对象 c，有了 c 就能够获取 Dog 类型的相关信息，如该类型的父类 c.getSuperclass()。

(2) "Animal animal2 = new Dog("毛毛", 18, "white");" 是父类的引用变量指向子类的对象，在后面会详细说明。

(3) "System.out.println(animal2.getClass());" 的结果是输出 Dog 类型，虽然 animal2 是 Animal 类型的引用变量，但是它指向的是 Dog 类的对象，在获取类型信息时由引用变量实际指向的对象类型来决定返回类型。

6.5.4 hashCode()方法

hashCode()方法用以返回对象的哈希码值。

Java 中的 hashCode 方法就是根据一定的规则将与对象相关的信息(比如对象的存储地址、对象的字段等)映射成一个数值，这个数值称作散列值。hashCode 方法的主要作用是配合基于散列的集合(Set)一起正常运行，这样的散列集合包括 HashSet、HashMap 以及 HashTable。

6.6 抽 象 类

在 Java 中用关键字 abstract 修饰的类称为抽象类。

上面动物类 Animal 的继承结构如图 6-3 所示。

图中，最上面的父类 Animal 是比较抽象的概念，如果用 Animal 生成一个对象，只能说这里有一只动物，但具体是什么动物呢？这

图 6-3 类的抽象

样生成的对象往往也是抽象的。Animal 中有一个 move 方法，由于不知道是什么 Animal，只能说这只动物在 moving，这样的方法也没有多少实际意义。对于这种情况，可以将 Animal 声明为抽象类，而这个 move 方法就声明为抽象方法。

程序示例 6-9　将 Animal2 改造为抽象类。

程序段(Animal2.java)

```java
public abstract class Animal2 {                           //定义抽象类
    String name;
    double weight;
    public Animal2() {
    }
    public Animal2(String name,double weight) {
        this.name = name;
        this.weight = weight;
    }
    public void showInfo(){
        System.out.println("名称：" + name);
        System.out.println("重量：" + weight);
    }
    public abstract void move();                          //抽象方法的声明
}
```

程序分析：

(1) Animal2 类使用 abstract 关键字进行修饰，表示该类是一个抽象类，抽象类是不能使用 new 来生成对象的，阻止了抽象类的实例化。

(2) "public abstract void move();"在 Animal2 中有一个抽象的成员方法，抽象方法只有方法声明，没有方法体，并且使用 abstract 修饰。如果一个类有一个及以上的抽象方法，该类就必须声明为抽象类。

(3) 如果有子类继承了 Animal2 类，子类可以实现抽象方法即重写该抽象方法，具体为去掉 abstract 修饰符，完成方法体，方法体"{ }"如果为空，称为空实现。如果有一个及以上的抽象方法没有被实现，则该子类还是抽象类，必须使用 abstract 来修饰才能满足语法要求。

(4) 如 Dog 子类实现 Animal2：

```java
public class Dog extends Animal2{                         //Dog 类继承抽象的动物类
    //略
    public void move(){                                   //实现了抽象方法
        System.out.println("Dog:" + name + " is running!");
    }
}
```

本章小结

1. Java 的继承中子类获得父类的非私有成员，从而实现了代码复用。继承使用 extends 关键字，表示子类获得父类的成员并根据子类的特征进行扩展。
2. 重载(overload)即在一个类中有多个同名的方法，但是参数列表不同。
3. 重写(override)即子类获得父类的成员方法，根据子类的特征对方法体进行修改。
4. super 父类对象引用具有两个用法：super()表示调用父类的构造函数；"super.成员"表示调用父类的成员。
5. Object 类是所有类的最终父类，其具有的成员方法被所有类继承。
6. 抽象类是具有一个以上抽象方法并使用 abstract 定义的类。抽象类是不能产生对象实例的，但是如果其子类实现了所有的抽象方法，可以由子类产生对象实例。

习 题 六

一、简答题

1. 为什么说继承机制是重要的代码复用技术？
2. Java 的继承与 C++ 的继承主要有哪些不同之处？
3. Java 中的 super 代表什么？有哪些用法？
4. final 修饰符修饰类、成员变量、成员方法，分别有什么作用？
5. Object 类的作用是什么？有哪些常用方法？
6. 什么是抽象类？如何将抽象类转变为非抽象类？

二、操作题

1. 新建一个 Teacher 类，该类具有以下成员：
(1) 工号、姓名、性别、出生日期、是否班主任、参加工作日期、职称、工资等。
(2) 相应的成员方法。
2. 新建一个 Person 抽象类，要求如下：
(1) 将 Student3 类和 Teacher 类共同的属性抽取到 Person 类中。
(2) 对 Student3 类进行调整。
(3) 具有一个抽象方法，即 showInfo()方法，显示人的信息。
(4) Student3 和 Teacher 根据本类的情况实现这个抽象方法，如对于学生，显示平均成绩；对于教师，显示是否班主任以及职称和工资等信息。
注：在这个继承结构的程序中注意使用 this、super 等。

第七章 多态与接口

本章学习内容：
- 多态基本概念与支撑技术
- 向上转型
- 动态绑定
- 使用继承实现多态程序
- 接口声明
- 实现接口
- 使用接口的方式实现多态
- 面向接口编程

7.1 多 态

本章将要介绍的面向对象三大特征的最后一个特征——多态(Polymorphism)，是面向对象编程中非常重要的技术，能增强程序的扩展性，提高程序的可维护性。如果一个语言只支持类而不支持多态，只能说明它是基于对象的，而不是面向对象的。多态是什么？多种形态？这样的回答是将问题还给提问者，任何意义，要理解多态，必须要清楚下列几个问题：

- 多态发生在什么地方？
- 多态是怎么发生的？
- 多态的支撑技术是什么？
- 多态有什么好处？

并且需要通过程序代码理解和掌握多态，否则就是纸上谈兵。下面首先来了解一下支撑多态的几个技术。

7.2 多态的支撑技术

多态的支撑技术主要有继承、向上转型和动态绑定。

7.2.1 向上转型

1. 向上转型

子类继承父类，如 Dog 继承 Animal，这是继承技术。有了继承才会有向上转型，即父类的引用变量指向子类的对象。这个在现实世界中很好理解：我们看到一只狗，可以说那只狗是一只动物，这种说法是没有问题的，这就是向上转型，其程序语句与内存示意图如图 7-1 所示。

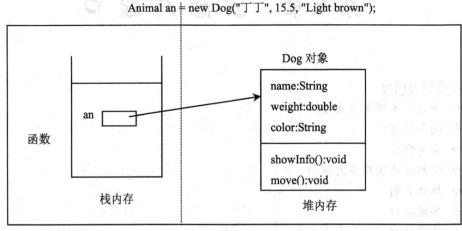

图 7-1 向上转型内存示意图

程序示例 7-1 向上转型。

<u>程序段(TestUpCast1.java)</u>

  Animal an = new Dog("丁丁", 15.5, "Light brown");   向上转型
  an.showInfo();
  // an.color = "black";   该句出错

<u>程序结果：</u>

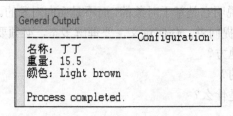

<u>程序分析：</u>

(1) an 是 Animal 类型的引用变量，对于 Animal 类型的引用变量来说是看不到 color 这个成员的，所以不能使用 "an.color = "black";" 这样的方式对 color 成员进行赋值。

(2) 向上转型的副作用是父类的引用变量只能看到父类定义的成员，屏蔽了子类对象的新增成员，即对于子类对象中新增的成员，父类的引用变量看不见，用不了。

(3) 父类引用变量指向子类对象，由于子类是继承并扩展了父类的成员，所以不会出问题，只是对于该父类引用变量而言，子类扩展出来的成员不可见而已。

(4) an 实际指向的是 Dog 的对象，所以调用 showInfo()方法时，显示的还是 dog 的信息，也能看到颜色的信息。

2. 向下转型

既然有向上转型，那向下转型呢？如果反过来，用子类的引用变量去指向父类的对象会如何呢？比如：

  Dog dog = new Animal("animal1", 20);   ×

这样的语句在程序编译阶段会直接报错，为什么呢？

现实世界中，不能随便看到一个动物就说该动物是一条狗，这样的说法是有问题的。当然也有成立的条件：这只动物本身就是一条狗。如果这只动物是别的动物，这个说法就是错误的。谁也不是魔法师，不能指着一条鱼说是狗，这只动物就变成了一条狗。

对于 Dog 类的引用变量 dog 而言，Dog 类中定义了 color 成员变量，但是它现在指向的是一个 Animal 的对象，而在 Animal 类中并没有定义 color 成员，Animal 对象在堆内存中自然也没有 color 这个成员，当 dog 对象想使用 color 成员的时候也会出错。

父类所有成员是子类所有成员的子集，所以父类的引用变量指向子类对象不会出现问题，只会出现一些成员被屏蔽不可见的情况；但是子类的引用变量指向父类对象，就会缺少一些成员，导致调用成员出错。在实际编程中，向下转型是使用强制类型转换来完成，但是应该谨慎使用，否则就会出现类型转换出错的异常。

程序示例 7-2 强制类型转换的向下转型。

程序段(TestDownCast1.java)

  Animal2 an = new Dog("丁丁", 15.5, "Light brown");

  an.showInfo();

  System.out.println("======分隔线======");

  (Dog)an.color = "black";   将 an 强制向下转型为 Dog 类型

  an.showInfo();

程序结果：

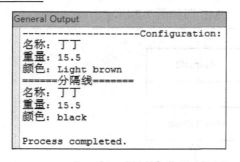

程序分析：

"((Dog)an).color = "black";" 中，an 是 Animal 父类的引用变量，将 an 强制转换为 Dog 类型即向下转型，然后就可以对 color 成员进行赋值。由于 an 指向的就是 Dog 类对象，所以可以向下转型为 Dog 类型，相当于我们现在说那只动物是条狗，这个说法成立的条件是：那只动物本身就是一条狗。

7.2.2 动态绑定

1. 方法绑定

把一个方法与其主体关联起来叫做方法的绑定，方法的主体主要是类或对象。方法的绑定主要分为静态绑定、动态绑定(也可以称为前期绑定、后期绑定)。

2. 静态绑定

在程序执行前方法已经与主体绑定，这是由编译器或其他连接程序来实现的，C 语言的方法就是典型的静态绑定，在编译之前就可以通过阅读程序知道程序运行的结果。Java 中也有静态绑定，如被 final、static、private 修饰的方法以及构造方法，其它方法都属于动态绑定。

3. 动态绑定

动态绑定即方法与方法的主体在运行时才进行绑定。Java 的大部分方法都属于动态绑定。Java 中的动态绑定是由 Java 虚拟机来实现的，不用显式地声明；C++则不同，必须明确地声明某个方法具备后期绑定特性。

例如，程序语句"an.move();"中，move 方法的调用主体是 an，但是 an 只有在运行时才知道是什么动物，由于向上转型的存在，Animal、Fish、Dog、Bird 这些类的对象都可以传递给 an，不同类对象调用 move()方法的表现是不同的，从这里就可以看出多态的特征了。

7.3 多态实现

现在通过一个动物行为展示程序来说明多态的具体实现，该程序需要以下几个类：
(1) 动物类的父类 Animal(也可以使用抽象的动物父类 Animal2)；
(2) 动物类的子类：Dog、Fish 和 Bird；
(3) 展示动物信息和行为的类：ShowMoving。
这几个类及类关系的 UML 图如图 7-2 所示。

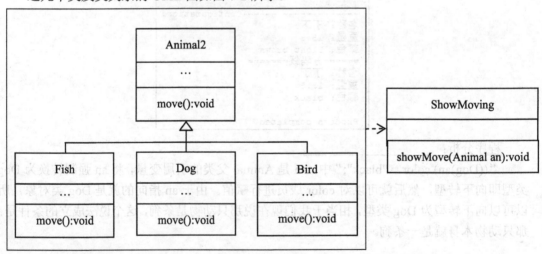

图 7-2　动物类 UML 图

Animal 2 下面有 3 个子类，而 ShowMoving 类将使用 Animal2 及其子类来构建程序，展示动物的信息和行为。这些类在前面都已编写了，这里重点关注各个动物类的 move 方法以及 ShowMoving 类。

程序示例 7-3　子类方法的重写。

程序段(Fish.java, Dog.java, Bird.java)

Fish 类中的 move 方法：

```
public void move(){
    System.out.println("Fish:" + name + " is swimming!");
}
```

Dog 类中的 move 方法：

```
public void move(){
    System.out.println("Dog:" + name + " is running!");
}
```

Bird 类中的 move 方法：

```
public void move(){
    System.out.println("Bird:" + name + " is flying!");
}
```

上面三种动物的 move 方法都根据子类自己的特征进行了重写，以文字的方式来显示各个子类运动的行为特征。

程序示例 7-4　使用多态展示各种动物的信息和行为。

程序段(ShowMoving.java)

```
    import java.util.*;
    public class ShowMoving {
        public static void showMove(Animal2 animal){         展示动物对象的信息和行为
            animal.showInfo();
            animal.move();
        }
        public static void main(String[] args) {
            Dog dog = new Dog("斗牛犬",24,"黄色");
            Fish fish = new Fish("金枪鱼",5,"蓝银色");
            Bird bird = new Bird("美洲鹦鹉",1.5,"蓝黄色");         生成子类对象
            Scanner sc = new Scanner(System.in);
            while(true){
                System.out.println("\n----请输入下列动物的序号：----");
                System.out.println("1.Fish   2.Dog   3.Bird   0.退出");
                int ch = sc.nextInt();         输入不同的值对应不同的动物
                switch(ch) {
                    case 1:
                        showMove(fish);         传入 fish 对象，展示鱼类
                        break;
                    case 2:
                        showMove(dog);         传入 dog 对象，展示狗类
```

```
                break;
            case 3:
                showMove(bird);              //传入bird对象，展示鸟类
                break;
            case 0:
                System.out.println("退出动物展示程序！");
                System.exit(0);
            default:
                System.out.println("输入错误！");
            }
        }
    }
}
```

程序结果：

```
General Output
--------------------Configuration:
----请输入下列动物的序号：----
1.Fish  2.Dog  3.Bird  0.退出
1
名称：金枪鱼
重量：5.0
颜色：蓝银色
Fish:金枪鱼 is swimming!
```

```
General Output
--------------------Configuration:
----请输入下列动物的序号：----
1.Fish  2.Dog  3.Bird  0.退出
2
名称：斗牛犬
重量：24.0
颜色：黄色
Dog:斗牛犬 is running!
```

```
General Output
--------------------Configuration:
----请输入下列动物的序号：----
1.Dog  2.Fish  3.Bird  0.退出
3
名称：美洲鹦鹉
重量：1.5
颜色：蓝黄色
Bird:美洲鹦鹉 is flying!
```

```
General Output
--------------------Configuration:
----请输入下列动物的序号：----
1.Dog  2.Fish  3.Bird  0.退出
4
输入错误！
```

```
General Output
--------------------Configuration:
----请输入下列动物的序号：----
1.Dog  2.Fish  3.Bird  0.退出
0
退出动物展示程序！
```

程序分析：

(1) main 函数实现的主要步骤如下：

① 首先生成 Dog、Fish、Bird 类的对象备用。

② while(true){...}表示条件为真死循环，在内部通过"System.exit(0);"语句使用，在一定条件下退出循环和整个程序。

③ 在 while 循环中通过键盘输入的整数值匹配 switch 的多分支：1、2、3 分别是将 Fish、Dog、Bird 类的对象传给 showMove 方法，从而展示具体动物的信息和行为；0 表示退出；输入其它值则提示输入错误，重新输入。

(2) showMove 方法的参数是 Animal2 animal，Animal2 是一个抽象类，该类的 move 方法是抽象方法，Animal2 抽象类不能产生实例对象，但是它的非抽象的子类可以生成对象传给 Animal2 类的引用变量 animal，这就是向上转型：Animal2 类的引用变量指向其子类(实现类)的对象。

(3) showMove 方法中有 "animal.showInfo();" 和 "animal.move();" 两个语句，这是前面说过的动态绑定：只看源程序，不会知道 showInfo()方法和 move()方法的主体是谁，只有在程序运行时传入具体的动物类对象，才会与该对象绑定，表现出具体的动作行为。

7.4 多态分析

7.4.1 多态发生的地方

上述动物展示的程序中，多态发生在 showMove()方法上，该函数传入的参数对象为 Animal2 类型。在运行该方法时，由实际传入的具体对象来展示动物的信息及行为。如图 7-3 所示，可以看出多态的支撑技术以及其发生的地方。

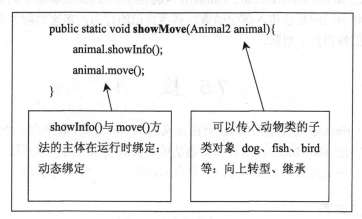

图 7-3 多态的发生

7.4.2 多态的作用

例如，对类 ShowMoving 来说，如果没有动态绑定，没有向上转型，那么该类要展示动物类，就会变成这样：

展示 Fish 类的 showMove 方法：
    public static void showMove(Fish an){
        an.showInfo();
        an.move();

展示 Dog 类的 showMove 方法：
```
public static void showMove(Dog an){
    an.showInfo();
    an.move();
}
```
展示 Bird 类的 showMove 方法：
```
public static void showMove(Bird an){
    an.showInfo();
    an.move();
}
```

也就是说，ShowMoving 类中会有很多 showMove 方法的重载，用以适应各种动物。当程序需要展示更多的动物类时，必须一是完成动物子类的编写；二是在 ShowMoving 类中重载对应的 showMove()方法，而这些方法的方法体中都是相同的代码："an.showInfo();"和"an.move();"，这样就会在该类中出现很多重复代码，并且难以维护。

有了多态，就可以发现在前面编写的程序中，不管增加多少个动物子类，对于 ShowMoving 类的 showMove()方法都是不用改变的，而要展示更多的动物子类行为，只需完成动物子类的编写，生成对象交给 showMove()方法，就可以展示出该动物子类对象的行为。通过方法 showMove(Animal2 animal)，我们知道，只要是实现了抽象类 Animal2 的子类，都可以将自己的对象传入这个函数以展示自己的行为。多态消除了重复代码，程序的扩展性和维护性得到了增强。

7.5 接　　口

接口(Interface)就是完全抽象类。前面定义的 Animal2 类，其中有一个抽象方法 move()，也有非抽象方法 showInfo()，而接口就是从抽象类演变而来的，本质还是类，是完全的抽象类，即接口中的方法全是抽象方法：只有方法的声明，没有方法体。

7.5.1 接口声明

接口的定义和类的定义很相似，分为接口的声明和接口体，只是使用关键字 interface 代替了关键字 class：

```
interface 接口名 {
    ...
}
```

接口体中包含常量的声明(即使用 final 修饰的成员变量)和抽象方法两部分。由于全是抽象方法，所以 abstract 修饰符可以省略不写。接口体中所有的常量、所有的抽象方法的访问权限都是 public(可以省略 public 修饰符)。下面我们通过一个实例将 Animal2 抽象类的两个方法抽取出来形成一个接口。

程序示例 7-5 定义接口。

程序段(Showable.java)

```
public interface Showable {
    public void showInfo();      //省略了 abstract
    void move();                 //省略了 abstract、public
}
```

编译该接口，可以看到该接口源文件名还是 Showable.java，编译之后的字节码文件还是 Showable.class。

为什么接口的名字很多都加上了一个后缀 able？这是大多数程序员的习惯，也算是一种命名风格，如定义的这个 Showable 接口，该接口名暗示我们：谁实现这个接口，谁就具有显示信息和展示行为的能力(也体现在两个方法的声明上)。

7.5.2 实现接口

实现接口是指某个类通过继承的方式获得接口定义的方法，然后将接口中所有的抽象类的方法实现为非抽象方法。实现接口的类称为该接口的实现类。实现接口是使用 implements 关键字完成的：

```
class 实现类 implements 接口{
    ...
}
```

从语法上说，一个类要实现一个接口就要将该接口的所有非抽象方法都实现(让方法具有方法体，如果方法体是空的{ }，则称为空实现)；如果只是实现了部分抽象方法，按照抽象类的定义，该类就应该声明为一个抽象类。

一个类只能继承一个父类，但可以同时实现多个接口，如：

```
class Dog extends Animal implements Eatable, Sleepable{
    //实现 Eatable 接口的所有方法
    //实现 Sleepable 接口的所有方法
}
```

上述程序段的意思是：Dog 类继承了 Animal 类，获得了 Animal 的成员，并且实现了 Eatable 和 Sleepable，实现接口就具备了接口定义的能力，所以 Dog 类就可以 eat，可以 sleep 了。

下面编写一个石头 Stone 类实现 Showable 接口。

程序示例 7-6 实现接口(Stone 类)。

程序段(ShowMoving.java)

```
public class Stone implements Showable{
    String type;                    成员变量：类型
    double price;                   成员变量：价格
    public Stone(){
    }
```

```
public Stone(String type,double price){
    this.type = type;
    this.price = price;
}
public void showInfo(){                          实现了显示信息的成员方法
    System.out.println("类型：" + type + ",价格" + price);
}
public void move(){                              实现了显示行动的成员方法
    System.out.println("Stone:" + type + ", is rolling");
}
}
```

Stone 实现类实现接口 Showable 的 UML 图如图 7-4 所示。

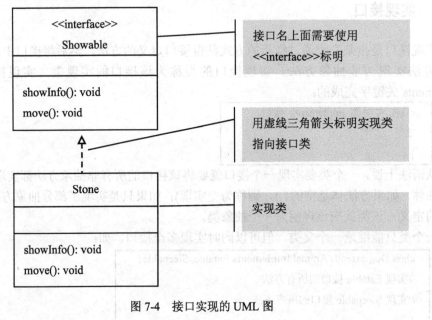

图 7-4 接口实现的 UML 图

7.5.3 接口与多态

下面来看如图 7-5 所示三组关系，并思考这三组关系的演变。

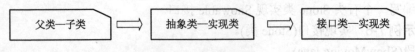

图 7-5 继承与实现

父类与子类是继承关系，抽象类与实现类实质上也是继承关系，接口是完全抽象类，所以接口与实现类也可以视为继承关系(实现类获得并重写了接口定义的成员方法)，因此接口与实现类之间同样可以进行向上转型：接口类型的引用变量指向实现类的对象。

前面使用了前两个关系(父类—子类，抽象类—实现类)来实现多态程序，现在能否使用第三个关系——接口类—实现类来实现多态呢？答案是肯定的！并且使用接口类实现的多态优于使用继承/抽象类实现的多态。

上面使用继承来实现多态时，ShowMoving 类暗示：只要是动物类的子类都可以进入到该类的 showMove()方法中展示自己的信息与行为，程序局限于只能对动物类的子类进行展示。而刚刚编写的 Stone 类从现实世界的观点来看，不应该是动物类的子类；从语法的角度来看，Java 是单继承，Stone 如果继承了其它类，就不能再继承动物类(Java 并不支持多继承)，那么，如何让 Stone 类也能够进入到 ShowMoving 类中展示自己的信息和行动呢？这就需要使用接口的方式实现多态。下面在以上继承实现多态的基础上进行改写。

程序示例 7-7 使用接口来实现多态。

(1) 编写接口：
程序段(Showable.java)
```
    public interface Showable {
        public void showInfo();
        void move();
    }
```

(2) 让 Animal2 类实现 Showable 接口：
程序段(Animal2.java)
```
    public abstract class Animal2 implements Showable{        让 Animal2 实现接口
        //其中内容与原 Animal2 类一样
    }
```

(3) 将 ShowMoving 类改造成为 ShowMoving2 类：
程序段(ShowMoving2.java)
```
    public static void showMove(Showable  s){        将参数类型改成 Showable 接口类型
        s.showInfo();
        s.move();
    }
```
该类的 main 方法：
```
    Dog dog = new Dog("斗牛犬",24,"黄色");
        Fish fish = new Fish("金枪鱼",5,"蓝银色");
        Bird bird = new Bird("美洲鹦鹉",1.5,"蓝黄色");
        Stone stone = new Stone("东陵玉",200);            生成一个 Stone 类对象
        Scanner sc = new Scanner(System.in);
        while(true){
            System.out.println("\n----请输入下列动物的序号：----");
            System.out.println("1.Fish  2.Dog  3.Bird  4.stone  0.退出");    增加选项
            int ch = sc.nextInt();
            switch (ch) {
```

```
                case 1:
                    showMove(fish);
                    break;
                case 2:
                    showMove(dog);
                    break;
                case 3:
                    showMove(bird);
                    break;
                case 4:                                                    增加分支
                    showMove(stone);
                    break;
                case 0:
                    System.out.println("退出动物展示程序！");
                    System.exit(0);
                default:
                    System.out.println("输入错误！");
            }
        }
```

(4) 各个动物类的子类 Fish、Dog、Bird 均不变。

程序结果：

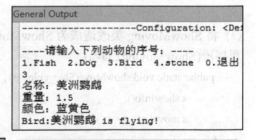

程序分析：

(1) 现在程序的扩展性就更强了，只要是实现了 Showable 接口的类都可进入到该程序来展示自己的信息和行为。

(2) Java 的继承是单继承，但是 Java 的类可以实现多个接口，我们可以看出使用接口实现的多态的扩展性要强于继承实现的多态。

(3) 为什么 Fish、Dog、Bird 类不需要改动？由于 Animal2 类声明实现了 Showable 接口(部分实现：move 方法还是抽象的)，即父类实现某个接口，子类自然也就实现了该接口(Dog、Fish、Bird 类都实现了 move 方法)，所以不需要在 Animal2 的这三个子类中声明实现 Showable 接口。

7.5.4 面向接口编程

1. 关于接口的几点认识

(1) 接口的定义关心的是做什么，具体怎么做是由其实现类来完成的。

(2) 接口体现的是一种规范，对于接口的实现者而言，接口规定了实现者必须向外提供哪些服务(方法对外提供服务与功能)；对于接口的调用者而言，接口规定了调用者可以调用哪些方法，获得哪些服务，以及如何调用这些服务。

(3) 当在一个程序中使用接口时，接口是多个模块间的耦合标准；当在多个应用程序之间使用接口时，接口是多个程序之间的通信标准。

(4) 接口作为系统与外界交互的窗口，体现的是一种规范。从某种程度上来看，接口类似于整个系统的"总纲"或"框架"，它制定了系统各模块应该遵循的标准。

所以，接口体现的是一种规范和实现分离的设计理念，充分利用接口可以很好地降低程序各模块之间的耦合性，从而提高系统的可扩展性和可维护性。

2. 面向接口编程(Interface-Oriented Programming)

我们开始是使用继承来实现多态的，之后我们把要展示的两个方法 showInfo()和 move()抽取出来，放到 Showable 接口中，使用接口实现多态，然后发现程序的扩展性变得更强，具体的接口和类的结构如图 7-6 所示。

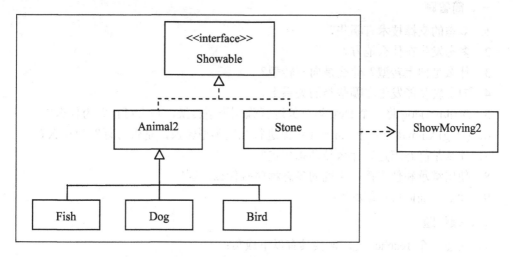

图 7-6 面向接口编程的 UML 图

如果能事先根据程序的需求预先定义好接口，由接口来定义规范搭建程序的框架，然后面向接口编程，编写具体的实现类，就会发现程序的扩展性和可维护性获得了增强，并且程序中的耦合性降低了，这是面向对象编程所希望做到的，也是面向接口编程的主要思想。

本章小结

1. 实现多态程序需要的基本支撑技术包括继承、动态绑定、向上转型。
2. 动态绑定即 Java 的方法都是有主体的,只有当方法被调用的时候,才会和方法的主体进行绑定。
3. 向上转型即父类的引用变量可以指向子类的对象。
4. 使用继承来实现多态程序,程序的扩展性可以这样描述:只要是 Animal 类的子类,都能够进入到多态方法中展示自己的行为。
5. 使用接口来实现多态程序,程序的扩展性可以这样描述:谁实现了相应的接口,谁就能进入到多态方法中展示自己的行为。
6. 接口就是完全抽象类,使用 interface 代替了 abstract class,接口中全是抽象方法,方法声明可以省略 public 和 abstract 的修饰。
7. 接口中可以包含字段,但是会被隐式地声明为 static 和 final。
8. 接口的实现类,就是实现了接口所有方法的类,将接口的所有抽象方法重写为非抽象方法,实现使用的是 implements 关键字。
9. 我们可以使用接口来搭建程序的结构框架,通过面向接口编程,降低程序的耦合性,增强程序的扩展性和可维护性。

习 题 七

一、简答题

1. 多态的支撑技术有哪些?
2. 多态发生在什么地方?
3. 什么是向上转型?什么是向下转型?
4. 向上转型能发生在哪些类的关系上?
5. (Animal)dog 将一个 Dog 类对象进行强制类型转换,是否可行?为什么?
6. (Dog)Animal 将一个 Animal 对象进行强制类型转换,是否可行?为什么?
7. 什么是静态绑定?什么是动态绑定?
8. 使用继承和使用接口实现的多态程序有什么区别?
9. 什么是面向接口编程?

二、操作题

1. 新建一个 Teacher 类,该类具有以下成员:
(1) 工号、姓名、性别、出生日期、是否班主任、参加工作日期、职称、工资等。
(2) 相应的成员方法。
2. 改造 Student3 类,增加 3 个成员:年级、班级和班主任。
3. 新建一个接口 Showable,要求如下:

(1) 该接口具有一个方法声明：void showInformation()。
(2) 学生类和教师类均实现了该接口。
(3) 学生类实现该方法是显示学生学号、姓名、班级以及两科成绩的平均分。
(4) 教师类实现该方法是显示教师工号、姓名、职称、工作年限、是否为班主任。

4．编写应用类：

(1) 该类的第一个静态方法是 show(Showable a)，该方法参数为上述的接口类型引用变量，返回值为 void，方法体只有"a.showInformation();"。

(2) 该类的第二个静态方法是 showClass()：

① 该方法具有两个参数，一个是学生类数组参数，另一个是教师类数组参数。

② 返回值类型为 void。

③ 方法功能为：根据传入的学生和教师数组自动显示出该小学具有几个班级，每个班级的班主任姓名，该班级中学生平均分最高和最低的成绩是多少以及取得成绩的同学姓名。

5．main 方法：

(1) 构造出学生数组、教师数组、初始化数组，至少要有两个以上班级、若干学生和老师，初始化学生、教师、班级数据，学生和教师之间具有一定关系。

(2) 在循环结构中使用 showPerson()方法来显示学生数组中每个学生的信息，显示教师数组中所有教师的信息。

(3) 调用 showClass()方法，传入上述的学生和教师数组，显示班级信息。

第八章 异 常 处 理

本章学习内容：
- 异常处理的基本概念
- Java 异常的分类
- 异常处理机制
- 异常处理的基本语法：try-catch-finally
- 函数内部抛出异常：throw
- 函数声明抛出异常：throws
- 自定义异常类

8.1 异常处理基础

所谓异常，就是程序运行时可能出现的一些不正常、错误的情况。例如，试图打开一个根本不存在的文件、类型转换失败、数据库连接异常等，异常处理机制将会改变程序的控制流程，让程序有机会对错误做出处理。

没有异常处理机制的编程语言，对程序可能出现的异常情况，往往是用很多 if-else 的分支语句来尽可能地预知可能发生的情况，保证程序的容错性。但是由于我们需要预测的可能性太多，代码将会剧增，程序将变得复杂。

Java 的异常机制主要使用 try、catch、finally、throw 和 throws 五个关键字。Java 的异常处理可以让程序具有更好的容错性，程序更加健壮。当程序运行出现意外情况时，系统会自动生成一个 Exception 对象来通知程序，从而实现将"业务功能实现代码"和"错误处理代码"分离，提供更好的可读性。

Java 为了对异常进行处理，预先对各种可能出现的异常定义了很多异常类，每个异常类都代表一种运行错误或异常。Java 语言的异常类是处理运行时异常的特殊类，类中主要包含了该运行异常的信息。

如图 8-1 所示是 Java 异常类的层次结构。

在这个异常类层次最上层的是 Throwable，它是 java.Lang 包中的一个类，该类的名字类似接口名，但实际是一个 Java 类。Throwable 类是 Java 语言中所有错误或异常的超类，该类派生了两个子类 java.lang.Error 和 java.lang.Exception。图中最底层的三项分别说明如下。

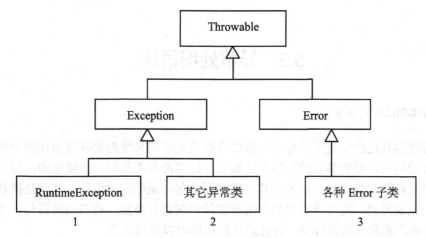

图 8-1　Java 异常层次图

(1) RuntimeException(运行时异常)。运行时异常是程序运行时自动对某些错误做出反应而产生的，所以对于运行时异常不需要编写异常处理的程序代码，依然可以成功编译，主要包括算术异常类、空指针异常类、下标越界异常类、数组元素个数为负异常类、类型强制转换异常类、无效参数异常类等等。这类异常应通过检查程序和程序调试来尽量避免，而不是使用 try-catch-finally 语句捕获处理，比如 a/b，其中的 b 有可能为 0，但是这样的表达式是不需要进行异常处理的。

运行时异常主要包括的类有 ArithmeticException、NullPointerException、IndexOutOfBoundsException、ArrayIndexOutOfBoundsException、NegativeArraySizeException、ClassCastException、IllegalArgumentException 等。

(2) 其它异常类。其它异常类指的是在 Exception 类下除了 RuntimeException 之外的异常类，可以称之为受检类异常(Checked Exception)。这种异常经常是在程序运行过程中由环境原因造成的，如输入/输出 I/O 异常、网络地址不能打开、文件未找到等，对于受检类异常必须在程序中使用 try-catch-finally 语句捕获并进行相应的处理，否则不能通过编译。这是语法上的强制要求，主要在 Java 的输入/输出程序中比较常见。

受检类异常主要包括 IllegalAccessException、java.awt.AWTException、ClassNotFoundException、IOException 等。

(3) 各种 Error 子类。各种 Error 子类是由系统保留的异常类，该类定义了那些应用程序通常无法捕捉到的错误，一旦此类错误发生，程序就停止运行。该类主要包括内存溢出错误类、栈溢出错误类、类定义未找到错误类、图形界面错误类等。

各种 Error 子类主要包括 OutOfMemoryError、StackOverflowError、NoClassDefFoundError、java.awt.AWTError 等。

从上面的描述来看，Java 的异常主要有三类：
(1) 程序不能处理的错误 Error；
(2) 程序应避免而可以不去捕获的运行时异常 RuntimeException；
(3) 必须捕获的非运行时异常 Checked Exception。

8.2 异常处理语法

8.2.1 try-catch-finally

如果程序运行过程中发生了异常，系统会捕获抛出的异常对象并输出相应的信息，同时终止程序的运行，导致其后的程序无法运行。这可能并不是用户所期望的，用户可能更希望由程序来获取和处理异常对象，其它的程序语句则能够继续运行，这就是捕获异常的主要作用，也就是说，对可能发生受检类异常的语句进行监控，被监控的语句一旦发生异常，由异常处理机制来接管程序，并让后续的程序可以继续运行。

try-catch-finally 异常处理语法的格式为

```
try
{
    //可能发生 Checked Exception 的语句                         监控区
}
catch(异常类名形参名)
{
    //对异常进行处理的程序语句                                 捕捉处理区
}
finally
{
    //不管是否有异常，是否捕捉到，一定要运行的语句
}
```

说明：

(1) try 块：监控区主要是对可能发生受检类异常 Checked Exception 的程序语句段使用 try 进行包围，而对于可能发生 Error 或者 RuntimeException 的语句一般不进行监控。

(2) catch 块：如果程序需要在 catch 块中访问异常对象的相关信息，可以通过 catch 后异常形参来获得，然后在后面的语句块中进行处理。在一个 try-catch-finally 的结构中，try 块只有一个，而 catch 块可以有多个，表示能对监控区中的语句进行监控，可以捕捉多个可能发生的异常。

(3) finally 块：不管监控区是否发生异常，异常被抛出是否被捕捉到，在 try-catch-finally 结构的运行流程中如果有 finally 块，就一定要执行 finally 块中的语句。finally 块是可以被省略的，它常常被用来回收一些物理资源，如数据库连接、网络连接、磁盘文件等。

Java 异常处理机制如图 8-2 所示。

从图 8-2 可以看出，如果没有异常发生，程序会按顺序正常执行；一旦发生异常，系统会生成并抛出异常对象，如果 catch 语句捕捉到该对象，就由异常处理机制接管程序，处理完之后程序会继续执行 try-catch-finally 后的代码。

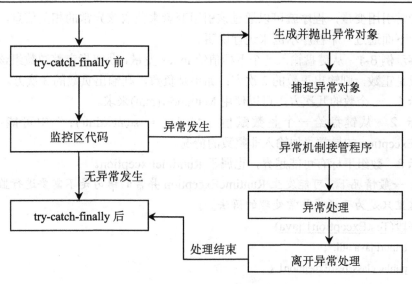

图 8-2　Java 异常处理机制

如果没有异常处理机制，会如何？

(1) 异常一旦发生，整个程序就会在发生异常的地方终止运行。

(2) 如果没有异常处理机制，可以使用 if-else 的结构来处理可能发生的异常，从图 8-2 也可以看出异常处理机制类似于分支结构(注：多分支对应了异常处理可以有多个 catch 语句)。

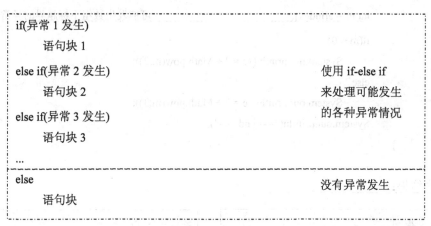

多个分支结构，类似于 try-catch-finally 中的多个 catch 结构。如果有多个 catch 语句，要注意 catch 的排列顺序，如果父类的异常类放在前面，子类放在后面，按照向上转型的观点，子类 catch 就不能捕捉到相应的异常对象，因为父类在前面对异常对象的捕获进行了"拦截"(只要有一个 catch 捕捉到异常对象，后面的 catch 结构就不再执行，这个与多分支结构 if-else if 是逻辑一致的)。有不少"偷懒"的程序员，在监控区后面就只写一个 catch(Exception ex)，表示对所有的异常类进行捕获，这样也满足了异常处理的语法要求。

当 try 块一旦发生异常，系统就会生成对应的异常类对象然后抛出，而异常处理机制就会依次使用后面的 catch 语句来进行捕捉；一旦捕获该异常对象，会将该异常对象赋给 catch

块后的异常引用变量，程序就可以通过该引用变量来获取该异常的相关信息，并进行相应的处理。下面通过一个程序示例来进行说明。

程序示例 8-1　从键盘输入一个下标值给 index 变量，获取指定整数数组该下标的元素值。如果是正数，则输出正数的 2 次方；如果是负数，则输出负数的 3 次方。

提示 1　一个数的几次方，可以使用 Math.pow(m,n)来求。

提示 2　从键盘给一个整数赋值，"index = sc.nextInt();"中可能会发生一个 RuntimeException 的异常，如输入非整数的情况。

提示 3　数组下标有可能越界，也属于 RuntimeException。

（注：一般情况下，可能发生 RuntimeException 异常的语句是不需要进行监控和异常处理的，这里只是为了说明异常处理的语法。）

程序段(TestException1.java)

```
import java.util.*;
public class TestException1 {
    public static void main (String[] args) {
        System.out.println("-----start-----");
        int[] a = {3,2,-5,1,-2,-5,4};
        Scanner sc = new Scanner(System.in);
        System.out.println("请输入 index 的值: ");
        int index = sc.nextInt();          //可能发生输入值不是整数的异常
        int m = a[index];                  //可能发生数组下标越界的异常
        if(m < 0)
            System.out.println("c = " + Math.pow(m,2));
        else
            System.out.println("c = " + Math.pow(m,3));
        System.out.println("-----end-----");
    }
}
```

程序结果：

```
General Output
--------------------Configuration:
-----start-----
请输入index的值:
2
c = -125.0
-----end-----

Process completed.
```

```
General Output
--------------------Configuration:
-----start-----
请输入index的值:
1
c = 4.0
-----end-----

Process completed.
```

第八章 异常处理 ·123·

```
General Output
--------------------Configuration: <Default>--------------------
-----start-----
请输入index的值：
a
Exception in thread "main" java.util.InputMismatchException
    at java.util.Scanner.throwFor(Scanner.java:909)
    at java.util.Scanner.next(Scanner.java:1530)
    at java.util.Scanner.nextInt(Scanner.java:2160)
    at java.util.Scanner.nextInt(Scanner.java:2119)
    at TestException1.main(TestException1.java:16)

Process completed.
```

```
General Output
--------------------Configuration: <Default>--------------------
-----start-----
请输入index的值：
7
Exception in thread "main" java.lang.ArrayIndexOutOfBoundsException: 7
    at TestException1.main(TestException1.java:17)

Process completed.
```

程序分析：

(1) 如程序结果所示，正常输入 2、1 没有异常发生，程序正常运行结束。

(2) 输入 a 的时候，发生输入值类型不匹配的异常；输入 7 的时候，发生数组下标越界异常。这两种情况下由于没有异常处理机制，程序就直接终止了，并且系统会在控制台显示异常的信息，所以看不到字符串"-----end-----"的输出。

程序示例 8-2　加入异常处理的情况。

程序段(TestException2.java)

```
    import java.util.*;
    public class TestException2 {
        public static void main(String[] args) {
            System.out.println("-----start-----");
            int[] a = {3,2,-5,1,-2,-5,4};
            Scanner sc = new Scanner(System.in);
            System.out.println("请输入 index 的值：");
            int index=0,m;
            try {                                           监控区
                index = sc.nextInt();
                m = a[index];
            }catch(InputMismatchException ex) {             捕捉输入不匹配的异常
                System.out.println("输入类型错误");
                ex.printStackTrace();
                m = 0;
            }catch(ArrayIndexOutOfBoundsException ex){      捕捉数组下标越界的异常
                System.out.println("输入下标越界");
                ex.printStackTrace();
```

```
            m = 0;
        }

        if(m < 0)
            System.out.println("result = " + Math.pow(m,2));
        else
            System.out.println("result = " + Math.pow(m,3));
        System.out.println("-----end-----");                    程序结束字符串
    }
}
```

程序结果：

```
General Output
--------------------Configuration:
-----start-----
请输入index的值：
2
c = -125.0
-----end-----
Process completed.
```

```
General Output
--------------------Configuration:
-----start-----
请输入index的值：
1
c = 4.0
-----end-----
Process completed.
```

```
General Output
--------------------Configuration: <Default>--------
-----start-----
请输入index的值：
x
输入类型错误
java.util.InputMismatchException
    at java.util.Scanner.throwFor(Scanner.java:909)
    at java.util.Scanner.next(Scanner.java:1530)
    at java.util.Scanner.nextInt(Scanner.java:2160)
    at java.util.Scanner.nextInt(Scanner.java:2119)
    at TestException2.main(TestException2.java:19)
result = 0.0
-----end-----
Process completed.
```

```
General Output
--------------------Configuration: <Default>--------
-----start-----
请输入index的值：
7
输入下标越界
java.lang.ArrayIndexOutOfBoundsException: 7
    at TestException2.main(TestException2.java:20)
result = 0.0
-----end-----
Process completed.
```

程序分析：

(1) 将可能抛出异常的两个语句放入 try 块中进行监控：

   index = sc.nextInt();

   m = a[index];

对两种可能抛出的异常即输入值不匹配异常 InputMismatchException 和数组下标越界异常

ArrayIndexOutOfBoundsException 进行捕捉。

(2) 当输入字符 x 后，监控区第 1 句发生异常，被第一个 catch 捕捉到，显示"输入类型错误"，输出异常发生的栈轨迹，然后令 m=0，可以看到程序没有终止，继续运行到结束。

(3) 当输入 7 后，监控区第 2 句发生异常，被第二个 catch 捕捉到，显示"输入下标越界"，输出异常发生的栈轨迹，然后令 m=0，异常处理结束，程序继续运行。

(4) 如果在 try 块后面直接跟 catch (Exception ex){...}，那后面的两个 catch 语句就都不会被执行了。因为 Exception 是它们的父类，第一个 catch 捕捉到异常，后面的 catch 就不再被执行了，这种方式也是很多程序员的一种"偷懒"的做法。

(5) 该示例是对 RuntimeException 进行处理，而实际是不需要这样做的，在后面的"Java 输入/输出"一章中将对需要进行异常处理的受检类异常 Checked Exception 进行介绍。

8.2.2 throw/throws

当异常发生时，系统会将相对应的异常类对象生成并抛出。如果是 Java 定义好的运行时异常或者错误，都由系统自动抛出；如果想在程序中主动抛出异常或者声明函数要抛出异常，可以使用 throw 或者 throws。

1. throw

如果在一个方法内部需要主动抛出异常对象，可以使用 throw(第一人称)进行异常抛出，其语法为

    throw 异常类对象;

程序示例 8-3　程序中主动抛出异常对象。
<u>程序段(TestException3.java)</u>
```
    public static void main(String[] args) {
        System.out.println("-----start-----");
        int[] a = {3,2,-5,1,-2,-5,4};
        int index = 7;                            直接赋值为越界下标
        try{
            if(index >= a.length){                如果条件成立，主动抛出异常对象
                throw new ArrayIndexOutOfBoundsException();
            }else {
                if(a[index] < 0)
                    System.out.println("result = " + Math.pow(a[index],3));
                else
                    System.out.println("result = " + Math.pow(a[index],2));
                System.out.println("-----end-----");
            }
        }catch(ArrayIndexOutOfBoundsException ex){    捕捉异常
            System.out.println("输入下标越界");
            ex.printStackTrace();
```

```
        }
        System.out.println("-----end-----");
    }
```

程序结果：

```
General Output
--------------------Configuration: <Default>-------------------
-----start-----
输入下标越界
java.lang.ArrayIndexOutOfBoundsException
    at TestException3.main(TestException3.java:18)
-----end-----

Process completed.
```

程序分析：

(1) "int index = 7;" 直接对下标进行赋值，如果是大于等于 a 数组的实际长度 7，就主动抛出异常；如果在[0，6]之间，就没有异常抛出，程序继续运行。

(2) "throw new ArrayIndexOutOfBoundsException();" 是在方法中主动抛出一个异常类的匿名对象。

2. throws

如果是在一个方法的头部声明该方法可能要抛出异常，可以使用 throws 来完成(第三人称单数加 s)，其语法为

```
public void fun() throws 异常类{
    ...
}
```

使用 throws 声明抛出异常的一般情况是：当前方法不知道如何(或者不想)处理方法中可能发生的异常，于是不使用 try-catch 监控和捕捉异常，而是在方法声明中说明该方法将有可能抛出异常，由方法的上一级调用者处理，自己不再处理。

函数嵌套调用可能会使得异常一层层向上抛出，最后会抛出到 main 方法。如果 main 方法也不进行处理，继续使用 throws 声明抛出异常，而该异常就会抛出到控制台上显示异常的栈轨迹信息，并中止程序运行。

当一个方法在头部声明抛出异常后，如果为受检类异常，则该方法被调用的时候就必须用 try-catch-finally 结构对该方法监控并进行异常处理或者继续声明向上抛出，如下列程序所示。

程序示例 8-4   函数声明抛出异常。

程序段(TestException4.java)

```
import java.io.*;
public class TestException4 {
    public static void fun()throws IOException{        fun 函数声明抛出 I/O 异常
        FileInputStream input = new FileInputStream("A.java");
    }
    public static void main(String[] args) throws IOException{    main 函数继续抛出
```

fun();
        }
    }

程序分析：

(1) "FileInputStream input = new FileInputStream("A.java");" 是 "Java 输入/输出" 一章的内容，意思是生成一个面向字节的文件输入流对象。在 Java API 帮助文档中查询可知，这个构造函数声明了抛出一个受检类异常，前面说过，受检类异常是必须进行异常处理的。

(2) "public static void fun() throws IOException" 中，fun 函数的头部声明该函数可能会抛出 I/O 异常，而由于 I/O 异常是受检类异常，main 函数想要调用 fun()函数就有两个选择：① 使用 try-catch-finally 结构对 fun 函数的调用进行监控和处理；② 继续在 main 函数头部对该异常类进行抛出声明。

(3) 在函数头部进行异常抛出，可以声明抛出多个异常，使用逗号分隔。

8.3 自定义异常类

用户自定义异常都应该继承 Exception 类，如果希望自定义运行时异常，则应该继承 RuntimeException 类。定义异常类时通常需要提供两种构造函数：一是无参数的构造函数；二是带一个字符串的构造函数，这个字符串将作为该异常对象的详细说明(也就是异常对象的 getMessage 方法的返回值)。

由于 Exception 类中具有以下方法，所以自定义异常类也继承了这几个方法：

(1) getMessage()：返回该异常的详细描述字符串。
(2) printStackTrace()：将该异常的跟踪栈轨迹输出到标准错误输出流。
(3) printStackTrace(PrintStream s)：将该异常的跟踪栈信息输出到指定输出流。
(4) getStackTrace()：返回该异常的跟踪栈轨迹信息。

只有在软件中自定义异常类，系统才能识别特定的运行错误，才能及时对错误进行控制和处理，这是增强软件稳定性和健壮性的手段之一。用户自定义异常类不能由系统自动抛出，需要在程序中使用 throw 语句来定义在什么情况下产生异常，并抛出该自定义异常类的对象。例如，对前面的动物类做一个自定义异常类，如果动物重量为负数(在生成动物类对象或者对动物类的 weight 进行设置时进行判定)，则抛出自定义异常对象。

程序示例 8-5　自定义异常类。

程序段(AnimalException1.java)

```
    public class AnimalException1 extends Exception{          自定义异常类
        double weight;
        public AnimalException1() {
        }
        public AnimalException1(double weight) {
            this.weight = weight;
        }
```

```
        public String toString(){                                          重写 toString 方法
            return "动物重量不应该为负数：" + weight;
        }
    }
```

程序分析：

(1) 自定义异常类需要继承 Exception 类。

(2) AnimalException1 重写了 toString 方法，toString 方法返回的异常信息字符串，能够被 getMessage()方法获得。

程序示例 8-6 自定义异常类的使用：对 Animal3 类加入自定义异常的声明与抛出。

程序段(Animal3.java)

```
    public class Animal3{
        String name;
        double weight;
        public Animal3() {
        }
        public Animal3(String name,double weight) throws AnimalException1{
            if(weight < 0 ){
                throw new AnimalException1(weight);           抛出自定义异常
            }else{
                this.name = name;
                this.weight = weight;
            }
        }
        public void showInfo(){
            System.out.println("名称：" + name);
            System.out.println("重量：" + weight);
        }
        public static void main (String[] args) {
            System.out.println("-----start-----");
            try {
                Animal3 an = new Animal3("Dog",-5);            发生自定义异常
                an.showInfo();
            }
            catch(AnimalException1 ex) {                       捕捉自定义异常
                ex.printStackTrace();
            }
            System.out.println("-----end-----");
        }
    }
```

程序结果：

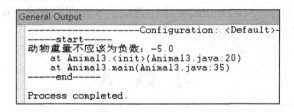

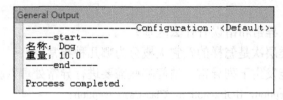

程序分析：

(1) 在 Animal3 构造函数的头部声明抛出自定义异常：

public Animal3(String name,double weight) throws AnimalException1

(2) 在 Animal3 构造函数中进行判断，如果 weight<0，则主动抛出异常：

if(weight < 0){

throw new AnimalException1(weight);

}

(3) 在构造 Animal3 对象时，如果输入 10 时不产生异常，输入–5 则产生异常，程序结果如上图所示。

(4) 如果一个方法中声明抛出自定义异常，与受检类异常一样，在调用该方法时必须进行异常处理，或者在函数头部声明抛出异常。

本 章 小 结

1．按照是否必须进行异常处理，异常类可分为两大类：java.lang.Error 类＋RuntimeException 类和受检异常类。前面一类是不需要进行异常处理的，在 Exception 下除了 RuntimeException 之外的所有类称为受检异常类，该类是必须进行异常处理的。

2．如果没有异常处理机制，一旦发生异常，系统将抛出异常，并终止程序运行。

3．Java 的异常处理主要有下列两种方式：

(1) 使用 try-catch-finally 结构，即使用 try 块来监控可能发生异常的程序段，使用 catch 块来捕捉抛出的异常并进行处理；catch 块可以有多个，无论有否异常发生，是否捕捉到，都要执行 finally 块语句。该结构类似于 if-else if 结构。

(2) 如果一个方法对方法内部的语句不想进行异常处理，可以使用 throws 在函数头部进行异常抛出声明，让上一层调用处理异常。

4．可以在方法内部使用 throw 语句来抛出一个异常类对象，一般是在 if 语句内，在某种条件成立的情况下使用 throw 语句抛出异常。

5．可以根据软件的需要自定义异常类，自定义异常类有利于增强程序的健壮性，使得程序对于错误的处理更为合理和方便。

6. 虽然异常处理的 try-catch-finally 结构类似于多分支的 if-else if 结构，但是不要刻意使用异常处理机制代替多分支逻辑控制结构。

习 题 八

简答题

1. 什么是异常？异常和错误有什么区别？
2. Java 的异常类层次是怎样的？它大概分为哪几种异常类？
3. Java 程序可能发生下列异常，请问哪些需要进行异常处理？哪些不需要？

   NullPointerException，IIOException，ClassCastException

   FilerException，EOFException，ArrayIndexOutOfBoundsException
4. 请描述 try-catch-finally 三个程序块的作用。
5. Java 异常处理机制的原理是什么？
6. Java 异常处理中 catch 语句可以有多条，怎么处理它们的顺序？
7. 请说明 throw 和 throws 的区别。
8. 如何定义和使用自定义异常类？

第九章 Java 输入/输出

本章学习内容：
- ◇ Java 输入/输出的基本概念
- ◇ Java 输入/输出流对象
- ◇ Java 输入/输出类层次结构
- ◇ 面向字节的文件输入/输出流
- ◇ 带缓冲的输入/输出方式
- ◇ 格式化输入/输出
- ◇ 面向字符的文件输入/输出流
- ◇ 对象输入/输出流
- ◇ 数组/字符串输入/输出
- ◇ File 类的使用

9.1 输入/输出的基本概念

Java 是使用"流(Stream)"的概念来进行输入/输出的。"流"实质是 Java 预定义的对不同情况进行输入/输出操作的类，"流"对象就是这些类产生的对象，在进行输入/输出的时候就是由这些类产生的对象来完成相应操作的。

9.1.1 输入与输出

Java 的输入/输出是指相对于程序而言，程序与外部进行的数据输入和输出的操作。

程序中的输入与输出操作很常见，比如从键盘上读取数据、从文件读取数据、向文件写出数据等。通过输入与输出操作，可以将程序中产生的数据输出到外界，也可以从外界输入数据到程序中，Java 语言使用流对象来实现这些输入/输出操作，流对象对数据的输入/输出操作屏蔽了具体的细节，让 Java 程序员更为方便地操纵数据流向。

首先要明确输入/输出的方向：输入/输出一定是相对于程序而言的。
(1) 相对于程序而言，数据是进来的，就称之为输入/读入(input/read)。
(2) 相对于程序而言，数据是出去的，就称之为输出/写出(output/write)。

如图 9-1 所示，避免"读出"、"写入"这样含糊不清的说法。Java 中，数据源可能有多种，如程序中的 Byte 数组、String 变量、外部的文件、网络连接等；接收端同样也有多种；另外，输入/输出的方式也有不同情况，如是否带缓冲，是否进行顺序输入等，Java 为了处理这些不同情况，预定义了很多类来应付这些不同的情况。

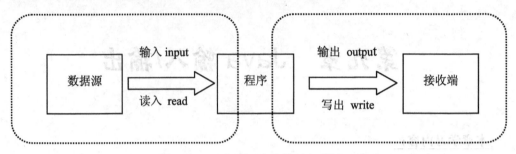

图 9-1　Java 相对于程序的输入/输出

9.1.2　流对象

1. 输入流对象

可以将图 9-1 中"程序"左边的箭头视为输入流对象，有能力将数据输入到程序中的对象，就可以视为输入流对象。输入流对象对应数据源端，数据要从外部输入到程序中，就要说明数据源端是什么、在哪里，然后该输入流对象就采用相应的输入方法来将数据从数据源端输入到程序。

2. 输出流对象

图 9-1 中"程序"右边的箭头可以视为输出流对象，有能力将数据输出到程序外部的对象，就可以视为输出流对象。输出流对象对应接收端，数据要从程序输出到外部，就要说明接收端是什么、在哪里，然后输出流对象采用相应的输出方法将数据从程序输出到接收端。

3. 缓冲流对象

以文件的输入/输出为例，内存中的程序要和磁盘中的文件进行数据输入/输出，然而二者速度不匹配，磁盘文件的操作比内存的操作慢很多。显然，在这样的情况下每次输入/输出一个字节的效率是非常低的。为了提高数据的传输效率,通常使用缓冲流(Buffered Stream)来提高数据的输入/输出效率。

当要将数据输出到外部设备(如磁盘文件)时，程序的数据是先发送到内存中的缓冲区，而不是直接发送到外部设备，缓冲区自动记录数据，当缓冲区满了后再将数据全部发送到相应的外部设备，输入也是同样的操作。以缓冲的方式来进行数据的传输，有效地解决了速度不匹配的问题，大大提高了内存与外部设备之间的数据传输效率。

4. 字节流/字符流

进行数据的输入/输出时，需要确定数据输入/输出的基本单位是什么。

(1) 字节流：即每次输入/输出是按字节进行(1 B = 8 bit)的。这种方式是最基本的输入/输出方式，能够对所有数据进行输入/输出(计算机中的所有数据是以 0 和 1 来存储的)。字节流又被称为二进制字节流(binary byte stream)或位流(bits stream)。

(2) 字符流：字符流的基本单位是字符 char，是针对字符优化了的输入/输出。Java 的 char 是采用 2 个字节的 Unicode 编码，所以字符流一次输入/输出 2 个字节，针对字符类型数据进行输入/输出较为方便且效率高。

9.2 输入/输出类层次结构

为了便于程序员进行输入/输出操作，屏蔽输入/输出的细节，Java 将相关输入/输出操作封装在相应的类中，这些类放置在 java.io 包里，如图 9-2 所示。

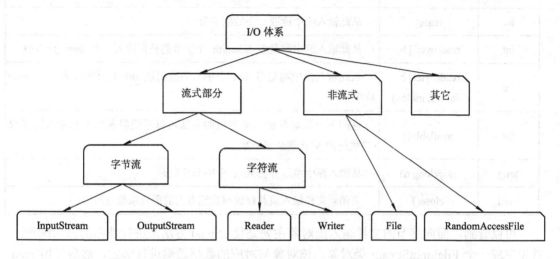

图 9-2 Java 输入/输出类层次图

在 java.io 包中有 4 个基本类，即 InputStream、OutputStream 及 Reader、Writer 类，它们分别处理字节流和字符流，根据数据源端和接收端的不同以及输入/输出方式的不同，它们下面还有若干子类。除了这 4 个基本类，另外还有 File 类以及随机访问文件类 RandomAccessFile 等。

9.3 面向字节的输入/输出

InputStream 和 OutputStream 类是 Java 中用来处理以字节(Byte)为单位的输入/输出流的，这两个类下面还有更为具体的面向字节的输入/输出类，用以处理各种不同的输入/输出。还是以文件为例，它们可以处理二进制文件(binary file)、文本文件、图片声音文件等等，所有文件在外部存储器上都是以位和字节的方式存储数据的，所以都可以使用面向字节的输入/输出流对各种文件进行输入/输出(对于文本文件，使用下一节将介绍的面向字符的输入/输出流进行操作更为方便)。

我们以文件的输入/输出为例进行介绍，这也是最常见的输入/输出方式。对于文件，按字节的方式进行输入/输出，主要将使用下面两个类：

(1) FileInputStream：面向字节的文件输入流。
(2) FileOutputStream：面向字节的文件输出流。

9.3.1 面向字节的文件输入流

FileInputStream 的主要方法如表 9-1 所示。

表 9-1 FileInputStream 的主要方法

返回值类型	方法名	说明
int	read()	从此输入流中读取一个数据字节
int	read(byte[] b)	从此输入流中将最多 b.length 个字节的数据读入一个 byte 数组中
int	read(byte[] b, int off, int len)	从此输入流中将最多 len 个字节的数据从 off 处开始读入一个 byte 数组中
int	available()	返回下一次对此输入流调用的方法可以不受阻塞地从此输入流读取(或跳过)的估计剩余字节数
long	skip(long n)	从输入流中跳过并丢弃 n 个字节的数据
void	close()	关闭此文件输入流并释放与此流有关的所有系统资源

可以看到，面向字节的文件输入流对象主要是使用 read 方法来进行数据的输入操作。首先生成一个 FileInputStream 类对象，该对象与对应的数据源端进行绑定，然后使用 read 方法将数据源端的数据以字节为单位输入到程序中。read()方法有以下三个重载形式：

(1) 将数据源端的 1 个字节输入到程序中。

(2) 将数据源端的多个字节输入到程序中(与数据源端字节多少、程序接收字节的 byte 数组大小有关，一般情况下程序员控制二者相等)。

(3) 将数据源端中指定的字节输入到程序中(指定偏移量和字节数)。

如何构造 FileInputStream 类的对象呢？主要有两种方式：

(1) 通过 String 形式的文件路径-文件名来构造 FileInputStream 类对象。

(2) 通过一个 File 类对象来构造 FileInputStream 类对象(File 类后面将详细讨论)。

程序示例 9-1 将一个 jpg 文件中的字节一个一个地输入到程序的 byte 数组中。

程序段(FileInputStreamDemo1.java)

```
import java.io.*;
public class FileInputStreamDemo1 {
    public static void main (String[] args) throws IOException {    声明抛出 I/O 异常
        System.out.println("-----start-----");
        FileInputStream fin = new FileInputStream("d:\\javaCode\\a.jpg");
        byte[] b = new byte[fin.available()];
        int n, k=0;
        while( (n= fin.read()) != -1){         从 fin 对应的数据源端读入一个字节给 n
            b[k] = (byte)n;
            k++;
```

```
        }
        for(int i = 0; i<b.length; i++) {
            System.out.print(b[i] + "\t");
            if(i%10 == 0)                                   每输出 10 个字节换行
                System.out.println();
        }
        fin.close();                                        关闭文件输入流对象
        System.out.println("\n-----end-----");
    }
}
```

程序结果：

```
General Output
---------------------Configuration: <Default>
-----start-----
-1
-40  -1   -32  0    16   74   70   73   70   0
1    1    1    0    96   0    96   0    0    -1
-37  0    67   0    2    1    1    2    1    1
2    2    2    2    2    2    2    2    3    5
3    3    3    3    3    6    4    4    3    5
7    6    7    7    7    6    7    7    8    9
11   9    8    8    10   8    7    7    10   13
10   10   11   12   12   12   12   7    9    14
15   13   12   14   11   12   12   12   -1   -37
0    67   1    2    2    2    3    3    3    6
3    3    6    12   8    7    8    12   12   12
12   12   12   12   12   12   12   12   12   12
12   12   12   12   12   12   12   12   12   12
12   12   12   12   12   12   12   12   12   12
```

程序分析：

(1) "FileInputStream fin = new FileInputStream("d:\\javaCode\\a.jpg");" 将 d 盘 javaCode 目录下的 a.jpg 文件作为数据源端，生成一个面向字节的文件输入流对象 fin。

(2) fin.available()即通过 fin 的 available()方法找出该输入流对象对应的数据源端具有多少个可用字节，然后将这个值作为程序中 byte 数组的容量，该数组的容量就对应了 a.jpg 的文件大小。

(3) n= fin.read()的意思是通过输入流对象 fin 从数据源端 a.jpg 读取一个字节，输入到程序的 n 变量中。

(4) 如何理解 while((n= fin.read()) != -1)？

① 先来看一个概念——文件读/写指针。在 C 语言中就有文件读/写指针的概念，当打开一个文件后，文件读/写指针就指向文件最开始的字节；随着 read()每读取一个字节，该指针就自动指向下一个字节；如果读取到文件尾，将返回-1 作为标记。

② 如表 9-1 所示，read()方法的返回值是 int。为什么读取一个字节不是返回 byte，而是返回四个字节的 int？每次读取一个字节，但返回一个 int，那么读取的一个字节只能占用 int 四个字节中的低位一个字节，其它三个字节一直都是 0；只有在读取到文件尾的时候，系统返回-1。

③ 该循环表示每次从 fin 对应的数据源端读取一个字节给 n 变量，如果没有读取到文件尾就进入循环，继续读取下一个字节，直至读取到文件尾则退出循环。

(5) 在循环中把读取的 n 强制类型转换为 byte，依次赋值给 b 数组的各个元素。

(6) 操作完毕，使用"fin.close();"来关闭文件链接，释放资源，这是一个良好的编程习惯。

(7) 上述程序有 4 个地方是需要进行异常处理的，都是受检类异常：

① FileInputStream 构造函数；

② fin.available();

③ fin.read();

④ fin.close()。

可以使用 try-catch-finally 结构监控和处理这些代码，也可以"偷懒"，在 main 函数头部声明抛出 I/O 异常。

程序示例 9-2 将一个 jpg 文件的字节一次性输入到程序的 byte 数组中。

程序段(FileInputStreamDemo2.java)

```
System.out.println("-----start-----");
        FileInputStream fin = new FileInputStream("d:\\javaCode\\a.jpg");
        byte[] b = new byte[fin.available()];
        fin.read(b);                          使用参数为 byte 数组的 read 函数进行输入操作
for(int i = 0; i<b.length; i++) {
        System.out.print(b[i] + "\t");
        if(i%10 == 0)
                System.out.println();
}
        fin.close();
        System.out.println("\n-----end-----");
```

程序分析：

该程序使用"fin.read(b);"代替了上一个程序中的 while 循环，使得程序更加简洁，其意是将 fin 对应的数据源端(a.jpg)中的字节一次性输入到程序的 b 数组中。那么一次性输入多少字节呢？这个和 b 数组的容量有关，由于这里定义 b 数组的容量为 fin.available()，所以 b 数组的容量就是 a.jpg 文件的字节数，刚好对应，一次性将 a.jpg 文件中的所有字节输入到 b 数组中。

9.3.2 面向字节的文件输出流

FileOutputStream 的主要方法如表 9-2 所示。

从表 9-2 可以看出，FileOutputStream 的主要方法是 write()，与 FileInputStream 类似，也是具有三个重载方法：

(1) 将单个的字节写出到输出流对应的接收端：

write(int b)

(2) 将 byte 数组的所有字节一次性输出到接收端：

write(byte[] b)

第九章 Java 输入/输出

(3) 将 byte 数组的指定字节输出到接收端：
write(byte[] b, int off, int len)

表 9-2 FileOutputStream 的主要方法

返回值类型	方法名	说 明
void	write(int b)	将指定字节写出到此文件输出流
void	write(byte[] b)	将 b.length 个字节从指定 byte 数组写出到此文件输出流中
void	write(byte[] b, int off, int len)	将指定 byte 数组中从偏移量 off 开始的 len 个字节写出到此文件输出流
void	flush()	刷新此输出流并强制写出所有缓冲的输出字节到输出流对应的接收端
void	close()	关闭此文件输出流并释放与此流有关的所有系统资源

下面在上述程序的基础上进行下列操作：将 d 盘 javaCode 目录下的 a.jpg 文件输入到程序的 b 数组中，然后将 b 数组中的字节元素依次输出到同目录下的 b.jpg 文件中，这相当于对文件的复制操作。

程序示例 9-3 使用字节的方式对文件进行复制。

程序段(FileOutputStreamDemo1.java)

```
import java.io.*;
public class FileOutputStreamDemo1 {
    public static void main (String[] args) throws IOException{
        System.out.println("-----start-----");
        FileInputStream fin = new FileInputStream("d:\\javaCode\\a.jpg");
        byte[] b = new byte[fin.available()];
        fin.read(b);                              将 a.jpg 输入到 b 数组中
        FileOutputStream fout = new FileOutputStream("d:\\javaCode\\b.jpg");
        for (int i = 0; i<b.length; i++) {
            fout.write(b[i]);               使用 "fout.write(b);" 可以替换该循环
        }
        fin.close();
        fout.close();
        System.out.println("\n-----end-----");
    }
}
```

程序分析：

(1) "FileOutputStream fout = new FileOutputStream("d:\\javaCode\\b.jpg");" 生成一个面向字节的文件输出流对象 fout，其对应的接收端是 d 盘 javaCode 目录下的 b.jpg 文件。

(2) "fout.write(b[i]);" 通过 fout 输出流对象使用 write 方法将程序中的一个字节 b[i]

输出到 fout 对应的接收端 b.jpg 文件中，使用循环遍历 b 数组将数组元素一个一个输出到 b.jpg 文件中。

(3) "fout.close();"关闭文件输出流对象。

(4) 也可以使用"fout.write(b);"代替对 b 数组的遍历循环，一次性将程序中 b 数组的所有字节输出到 fout 对应的接收端，具体见 FileOutputStreamDemo2.java，这里就不再赘述了。

9.3.3 带缓冲的字节输入/输出流

对数据流的每次操作若都是以字节为单位进行的，每次输入/输出一个字节，效率将是非常低的。那么，如何提高输入/输出的效率？一个有效的解决方法就是以带缓冲的方式来进行输入/输出，将使用下面两个类来完成：

(1) 字节缓冲输入流：BufferedInputStream。

(2) 字节缓冲输出流：BufferedOutputStream。

具体是先产生一个面向字节的文件输入/输出流对象，然后将该对象作为缓冲流构造函数的参数，从而"包装"成一个缓冲流对象，使用该缓冲流对象进行 read 和 write 操作就具有缓冲的方式，如图 9-3 所示。

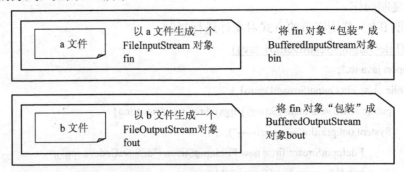

图 9-3 "包装"缓冲输入/输出对象

先以指定文件生成基本的 fin/fout 对象，然后将这些基本对象"包装"成为 bin/bout 对象，经过"包装"获得新的输入/输出对象，进行输入/输出就具有缓冲方式以及具有新的方法(这样的包装方式在后面还会见到)。

对文件按字节进行输入/输出有以下几种方式：

(1) 采用循环一个一个字节地输入/输出。

(2) 对(1)加缓冲输入/输出方式。

(3) 使用 byte 数组作为参数，一次性输入/输出多个字节。

(4) 对(3)加缓冲输入/输出方式。

在实际编程中，应该选择哪种方式来进行输入/输出呢？

下面对一个约 4 MB 的 mp3 文件分别采用上述 4 种方式测试，采用毫秒计时，比较这 4 种程序的实际消耗和效率情况(第 2 和第 4 个程序说明了如何生成并使用缓冲流对象)。

程序示例 9-4-1 对文件进行复制并计时。

程序段(BufferedIO1.java)

```
public static void main (String[] args) throws IOException{
```

```
System.out.println("-1----start-----");
    Date start = new Date();                            开始时刻的计时
    FileInputStream fin = new FileInputStream("a.mp3");
    int n = fin.available();
    byte[] b = new byte[n];
    System.out.println("要复制的文件字节数为：" + n);
    for (int i = 0; i<b.length; i++) {
        b[i] = (byte)fin.read();                        按字节一个一个读取
    }
    FileOutputStream fout = new FileOutputStream("b.mp3");
    for (int i = 0; i<b.length; i++) {
        fout.write(b[i]);                               按字节一个一个写出
    }
    fin.close();
    fout.close();
    System.out.println("-----end-----");
    Date end = new Date();                              结束时刻的计时
    System.out.println("耗时:" + (end.getTime() - start.getTime()) + " ms");
}
```

程序结果：

```
General Output
---------------------Configuration:
-1----start-----
要复制的文件字节数为：4185854
-----end-----
耗时:55133 ms
Process completed.
```

程序分析：

(1) "Date start = new Date();"以运行到该句的瞬间时间生成Date的对象，该对象记录了这个时刻，在程序结束时使用"Date end = new Date();"记录结束时刻，然后使用end.getTime()-start.getTime()来计算程序开始时刻到结束时刻相差的毫秒数。(注：start.getTime()返回自1970年1月1日 00:00:00 GMT以来到start对象记录的时间所经历过的毫秒数。)

(2) 上述程序均采用循环一个一个字节地输入/输出，将程序所在文件夹(当前文件夹)的a.mp3文件复制到当前文件夹下，得到一个新的文件b.mp3。

(3) 可以看出，以这种方式复制一个mp3文件，需要耗时大约55秒。

程序示例9-4-2 对文件进行复制并计时(带缓冲方式)。

程序段(BufferedIO2.java)

```
public static void main (String[] args) throws IOException{
    System.out.println("-2----start-----");
    Date start = new Date();
```

```
        FileInputStream fin = new FileInputStream("a.mp3");
        BufferedInputStream bin = new BufferedInputStream(fin);      缓冲包装
        int n = fin.available();
        byte[] b = new byte[n];
        System.out.println("要复制的文件字节数为:" + n);
        for (int i = 0; i<b.length; i++) {
            b[i] = (byte)bin.read();             使用缓冲输入流对象来进行输入
        }
        FileOutputStream fout = new FileOutputStream("b.mp3");
        BufferedOutputStream bout = new BufferedOutputStream(fout);  缓冲包装
        for (int i = 0; i<b.length; i++) {
            bout.write(b[i]);                    使用缓冲输出流对象来进行输出
        }
        bin.close();
        bout.close();
        System.out.println("-----end-----");
        Date end = new Date();
        System.out.println("耗时:" + (end.getTime() - start.getTime()) + " ms");
    }
```

程序结果：

```
General Output
-----------------------Configuration:
-2-----start-----
要复制的文件字节数为: 4185854
-----end-----
耗时:207 ms
Process completed.
```

程序分析：

(1) 下列两个语句说明了如何产生带缓冲的输入流对象：

    FileInputStream fin = new FileInputStream("a.mp3");
    BufferedInputStream bin = new BufferedInputStream(fin);

第一个语句是生成一个面向字节的文件输入流对象 fin，第二个语句是将 fin 对象放入 BufferedInputStream 构造函数中，生成一个带缓冲方式的输入流对象 bin，bin 的使用方法与 fin 的一样，具有 read 的三个重载形式，但在进行输入操作的时候具有缓冲方式。

(2) 类似的做法产生带缓冲的输出流对象：

    FileOutputStream fout = new FileOutputStream("b.mp3");
    BufferedOutputStream bout = new BufferedOutputStream(fout);

使用 fout 对象生成了一个带缓冲方式的输出流对象 bout，bout 的使用方法与 fout 对象的一样，具有三个 write 的重载形式，但在进行输出操作的时候具有缓冲方式。

(3) 与上一个程序结构一样，不过是使用带缓冲的 bin 和 bout 来进行面向字节的文件输入/输出。可以看出，使用缓冲的程序用了 207 毫秒，速度比第一个没有使用缓冲的程序快了很多。

程序示例 9-4-3 对文件进行复制并计时(整体输入/输出)。

程序段(BufferedIO3.java)

```
FileInputStream fin = new FileInputStream("a.mp3");
int n = fin.available();
byte[] b = new byte[n];
System.out.println("要复制的文件字节数为： " + n);
fin.read(b);                                                    整体读入
FileOutputStream fout = new FileOutputStream("b.mp3");
fout.write(b);                                                  整体写出
```

程序结果：

程序分析：

(1) 该程序使用"fin.read(b);"和"fout.write(b);"代替了循环，其它结构与上面两个程序的一样。

(2) 可以看出，虽然没有使用缓冲包装，但是使用 byte 数组的方式进行多个字节的整体输入/输出，耗时只有 12 毫秒，效率很高。

程序示例 9-4-4 对文件进行复制并计时(整体输入/输出并带缓冲包装)。

程序段(BufferedIO4.java)

```
FileInputStream fin = new FileInputStream("a.mp3");
BufferedInputStream bin = new BufferedInputStream(fin);
int n = fin.available();
byte[] b = new byte[n];
System.out.println("要复制的文件字节数为： " + n);
bin.read(b);                                                    带缓冲的整体读入
FileOutputStream fout = new FileOutputStream("b.mp3");
BufferedOutputStream bout = new BufferedOutputStream(fout);
bout.write(b);                                                  带缓冲的整体写出
```

程序结果：

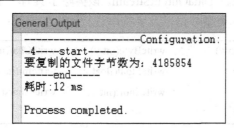

程序分析：

(1) 使用缓冲输入/输出流进行整体输入/输出，即"bin.read(b);""bout.write(b);"，可以看出，耗时与上述没有带缓冲方式的一样，为 12 毫秒。

(2) 对于 read 和 write 方法，如果是带 byte 数组的重载形式，其内部实现已经使用了带缓冲的方式，所以再进行一次"缓冲包装"，将 fin/fout 变为 bin/bout，在速度和效率上几乎一样。

通过上述四个程序的运行比较，可以得出这样的结论：如果要对一个文件进行面向字节的输入/输出，优先使用带 byte 数组作为参数的输入输出方法。

9.3.4 格式化输入/输出流

进行输入/输出的主要是两种单位，即字节、字符，但有时会希望一次输入/输出一个 int 整数数据(4 字节)，或者一个 double 数据(8 字节)等基本类型数据，这种情况就可以使用下面两个类来完成：

(1) 格式化字节输入流：DataInputStream。
(2) 格式化字节输出流：DataOutputStream。

如图 9-4 所示，还是使用"包装"的方式。

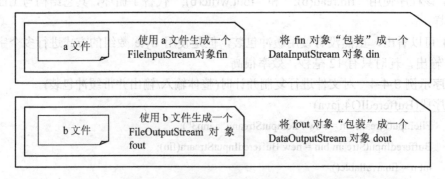

图 9-4 "包装"格式化输入/输出对象

如图 9-4 所示，先产生基本的输入/输出对象 fin 和 fout，然后进行"包装"，产生格式化输入/输出流对象 din 和 dout；使用 din 和 dout 对象就具有新的输入/输出方法，能够按照各种基本数据类型进行输入/输出，这就是格式化输入/输出。

下面先使用格式化字节输出流输出几个基本数据到 a.bat 文件中，然后使用格式化字节输入流来读取这些基本数据。

(1) 格式化字节输出流：DataOutputStream。该类除了具有一般的 write()方法重载之外，新增了专门对 Java 的基本类型数据以及字符串进行输出的方法：

writeBoolean(boolean v)	writeByte(int v)	writeChar(int v)
writeDouble(double v)	writeFloat(float v)	writeInt(int v)
writeLong(long v)	writeShort(int v)	writeChars(String s)
writeBytes(String s)		

第九章 Java 输入/输出 · 143 ·

程序示例 9-5 将程序中的 2 个 int、2 个 double、1 个 char 数据输出到 a.bat 文件中。

程序段(DateOutputStream1.java)

```java
public static void main (String[] args) {
    Scanner sc = new Scanner(System.in);
    int a1 = sc.nextInt();
    int a2 = sc.nextInt();
    double d1 = sc.nextDouble();
    double d2 = sc.nextDouble();
    char c = 'k';
    try {
        FileOutputStream fin = new FileOutputStream("a.bat");
        DataOutputStream din = new DataOutputStream(fin);     格式化包装
        din.writeInt(a1);                                      格式化输出(int)
        din.writeInt(a2);
        din.writeDouble(d1);                                   格式化输出(double)
        din.writeDouble(d2);
        din.writeChar(c);                                      格式化输出(char)
        System.out.println("已输出到 a.bat！");
        din.close();
    }
    catch (Exception ex) {
        ex.printStackTrace();
    }
}
```

程序结果：

```
General Output
----------------------Configuration:
12
-1
3.14
12.2
已输出到a.bat！

Process completed.
```

使用记事本打开 a.bat，可以看到下面的结果：

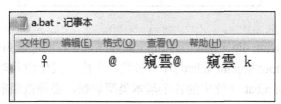

程序分析：

① 上述程序从键盘输入 2 个 int、2 个 double 以及程序中的字符 k，将这些基本类型数据通过 DataOutputStream 对象 dout 依次输出到 a.bat 文件中。

② 使用 DataOutputStream 对象进行输出操作，是面向字节的；对于 int、double 这些数据使用记事本打开自然会显示乱码。

③ 如果想读取 a.bat 文件中的上述五个变量，就要按输出的数据类型顺序来读取，否则就还原不了文件中的这几个数据。

(2) 格式化字节输入流：DataInputStream。该类除了具有一般的 read() 方法重载之外，新增了专门对于 Java 基本数据类型进行输入的方法：

readBoolean()	readByte()	readChar()	readDouble()
readFloat()	readInt()	readLong()	readShort()
skipBytes(int n)			

程序示例 9-6 将上述程序输出到 a.bat 的五个基本数据读入到程序中。

程序段(DataInputStream1.java)

```
public static void main (String[] args)throws IOException{
    DataInputStream din = new DataInputStream(new FileInputStream("a.bat"));
    int a1 = din.readInt();                    格式化读入(int)
    int a2 = din.readInt();
    double d1 = din.readDouble();              格式化读入(double)
    double d2 = din.readDouble();
    char c = din.readChar();                   格式化读入(char)
    System.out.println("a1=" + a1);
    System.out.println("a2=" + a2);
    System.out.println("d1=" + d1);
    System.out.println("d2=" + d2);
    System.out.println("c=" + c);
}
```

程序结果：

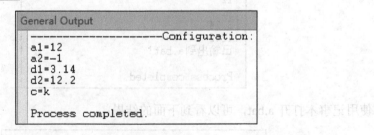

程序分析：

(1) "DataInputStream din = new DataInputStream(new FileInputStream("a.bat"));" 使用一个匿名对象 new FileInputStream("a.bat") 作为参数，生成格式化输入对象 din。

(2) 这个程序读取 a.bat 文件中的各个基本类型数据，必须按照前一个程序输出的顺序进行，才能正确地还原这些基本数据。

9.4 面向字符输入/输出

InputStream 和 OutputStream 类通常是用来处理"字节流"即"位流"的，例如二进制文件的输入/输出；而 Reader 和 Write 类则是用来处理"字符流"的，例如文本文件的输入/输出，文本文件包含记事本文件、程序源文件、HTML 文件等。

Java 面向字符输入/输出主要的类是 Reader 和 Writer，这是两个抽象类，它们下面具体的子类可以完成各种面向字符的输入/输出操作。同样的，下面还是以面向字符的文件输入/输出为例进行介绍。

9.4.1 面向字符的文件输入流

面向字符的文件输入流类为 FileReader，其父类为 InputStreamReader，InputStreamReader 的父类是 Reader。FileReader 类主要的方法如表 9-3 所示。

表 9-3 FileReader 类的主要方法

返回值类型	方法名	说 明
int	read()	从此输入流中读取一个字符数据
int	read(char[] c)	从此输入流对应的数据源端中将最多 c.length 个字节的数据读入到程序中的一个 char 数组 c 中
int	read(char[] c, int off, int len)	从此输入流中将最多 len 个字符从 off 处开始读入到程序的 char 数组 c 中
long	skip(long n)	从输入流中最多向后跳过 n 个字符
boolean	ready()	判断输入流是否做好读的准备
void	mark(int n)	标记输入流的当前位置
void	reset()	重定位输入流
void	close()	关闭此文件输入流并释放与此流有关的系统资源

使用 FileReader 来完成对文本文件的输入操作，与前面 FileInputStream 的方式一样，可以使用循环将字符一个一个读入到程序中，也可以使用 char 数组作为参数，一次性输入到 char 数组中。从效率来说，使用数组的方式比较好。

程序示例 9-7 将 a.txt 文件中的内容读入到程序的 char 数组中并显示。

程序段(FileReader1.java)

```
try {
    char[] c = new char[200];
```

```
            FileReader reader = new FileReader("a.txt");        面向字符的文件输入流
            int n = reader.read(c);                              将 a.txt 整体读入到 char 数组 c 中
            String s = new String(c);                            使用获得的字符数组 c 创建 String 对象
            System.out.println("读取的字符的个数为：" + n);
            System.out.println("a.txt 内容为：\n" + s);
            reader.close();
        }
        catch (IOException ex) {
            ex.printStackTrace();
        }
```

程序结果：

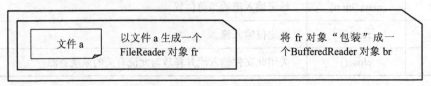

程序分析：

(1) char 数组 c 容量为 200 个字符，最多只能从 reader 输入流对应的数据源端读取 200 个字符。

(2) "int n = reader.read(c);" 中，reader 对象使用 read 方法，将对应的数据源端 a.txt 文件的字符整体读入到 char 数组 c 中，read 函数返回实际读取的字符数给 n。

9.4.2 面向字符的文件缓冲输入流

将一个磁盘文件生成一个面向字符的文件输入流 FileReader 对象，然后将该对象"包装"成带缓冲方式的输入流 BufferedReader 对象 br，如图 9-5 所示。

图 9-5 "包装"缓冲输入对象

BufferedReader 类的父类是 java.io.Reader，所以同样具有 mark、markSupported、read、reset、skip 这些方法，使用该类对 FileReader 对象进行"包装"之后，除了具有缓冲方式，更重要的是多了一个方法 public StringreadLine() throws IOException，该方法能够从输入流对象对应的数据源文件中读取一行文本，通过字符(换行('\n')、回车('\r')或回车后直接跟着换行)之一可认为某行已终止，函数返回包含该行内容的字符串，但不包含任何行终止符，如果已到达文件尾，则返回 null。该方法是按行读入字符，对于处理文本文件较为方便。

程序示例 9-8 对一个指定的对话记录文件 dialog.txt，找出 Tom 的说话记录并显示。

程序段(BufferedReader1.java)

```
try {
        FileReader fin = new FileReader("dialog.txt");
        BufferedReader bin = new BufferedReader(fin);        缓冲包装
        String line;
        while((line = bin.readLine()) != null){              按行读入
            if(line.startsWith("Tom")){                      对每行筛选
                System.out.println(line);
            }
        }
        bin.close();
}catch (Exception ex) {
        ex.printStackTrace();
}
```

程序结果：

```
dialog.txt - 记事本
文件(F) 编辑(E) 格式(O) 查看(V) 帮助(H)
英语对话记录
Tom:  What can I do for you ?
Kate: I want to buy a skirt for my daughter.
Tom:  How old is your daughter ?
Jone: She is twelve years old.
……
Kate: This way, please. What kind of skirt do you want ?
Jone: I'd like this one.
```

```
General Output
-------------------Configuration: <Default>-----
Tom:  What can I do for you ?
Tom:  How old is your daughter ?
Tom:  What colour do you like ?
Tom:  What about this one ?
Tom:  Sorry, we haven't. We have just sold them o
Tom:  This kind of dress is very nice and cheap.
Tom:  Certainly. Here you are.

Process completed.
```

程序分析：

(1) 生成 FileReader 类对象 fin，然后使用 BufferedReader 类将其"包装"成为面向字符的缓冲输入流对象 bin。

(2) while((line = bin.readLine()) != null)使用缓冲输入流 bin 对象从对应的数据源端读取一行字符串赋值给 line，如果该字符串不为空则进入循环，否则认为碰到文件尾，循环结束。

(3) 在循环中对 line 进行判断筛选，如果是以"Tom"开头的字符串行，就进行显示；

这里用到 String 类的 startWith()方法。

9.4.3 面向字符的文件输出流

面向字符的文件输出流类为 FileWriter，其父类为 OutputStreamReader，而 OutputStreamReader 的父类是 Writer，其主要的方法如表 9-4 所示。

表 9-4 FileWriter 的主要方法

返回值类型	方法名	说 明
void	write(int c)	将指定的字符输出到输出流对象对应的接收端
void	write(char[] cbuf)	将指定的字符数组输出到输出流对象对应的接收端
void	write(char[] cbuf, int off, int len)	将指定的字符数组的部分输出到输出流对象对应的接收端
void	write(String str)	将字符串 str 输出到输出流对象对应的接收端
void	write(String str, int off, int len)	将字符串 str 的某一部分输出到输出流对象对应的接收端
void	append(char c)	添加指定字符串
void	append(CharSequence csq)	添加指定字符串序列
void	append(CharSequence csq, int start, int end)	添加指定字符串序列的部分
String	getEncoding()	返回此流使用的字符编码的名称
void	flush()	刷新该流的缓冲
void	close()	关闭此流，但要先刷新它

FileWriter 有五个 write 方法的重载，可以分别对单个字符、字符数组和字符串等进行输出操作；有三个 append 可以向输出流对应的接收端进行添加字符或字符序列的操作。

程序示例 9-9 将程序中字符串数组输出到指定的文件 b.txt 中。

程序段(FileWriter1.java)

```
public static void main (String[] args) throws IOException {
    String[] s = {"hello Java\n","你好,Java 编程\n",
                  "面向对象程序设计\n","0123456789\n"};
    for(String t: s){                          使用 foreach 语法遍历 s 数组
        System.out.print(t);
    }
    FileWriter fout = new FileWriter("b.txt");  创建面向字符的文件输出流
    for (int i = 0; i<s.length; i++) {
```

第九章　Java 输入/输出　　　　　　　　　　　　　　　　　　　　• 149 •

```
            fout.write(s[i]);                      将 s 数组中各个字符串输出到文件
        }
        fout.flush();
        fout.close();
    }
```

程序结果：

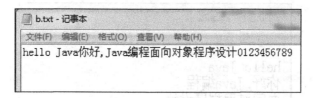

程序分析：

（1）"FileWriter fout = new FileWriter("b.txt");"将当前目录下的 b.txt 文件生成一个面向字符的文件输出流对象。

（2）"fout.write(s[i]);"将 String 数组 s 的第 i 个字符串，输出到 fout 对应的接收端 b.txt 文件中。

（3）s 数组中每个字符串结束都有换行符"\n"，在控制台中显示出进行了换行，但是在输出到 b.txt 之后再查看就没有换行了，对此有下面三种解决方式：

① 使用"\r\n"替换"\r"。

② 使用 BufferedWriter 的 newline() 方法（下一节具体说明）。

③ 使用 System.getProperty() 方法，如在每行字符串输出到文件之前加上"s[i] += System.getProperty("line.separator");"语句。

9.4.4　面向字符的文件缓冲输出流

面向字符的文件输出缓冲流类为 BufferedWriter，其父类为 java.io.Writer；该类除了具有缓冲输出方式之外还多了一个 newLine() 方法，该方法使用平台自己的行分隔符概念进行换行；此概念由系统属性 line.separator 定义，并非所有平台都使用换行符('\n')来终止各行，因此调用此方法来终止每个输出行要优于直接写入换行符。

BufferedWriter 类的使用方法，同样是先产生一个 FileWriter 对象 fout，然后将该对象"包装"成为 BufferedWriter 对象 bout，使用 bout 进行面向字符的文件输出操作就具有了缓冲方式，并且 bout 可以使用 newLine() 方法写出一个换行到文件中。

程序示例 9-10　将程序中的字符串数组以缓冲的方式输出到指定文件 c.txt 中。

程序段(BufferedWriter1.java)
```
String[] s = {"hello Java","你好,Java 编程","面向对象程序设计","0123456789"};
FileWriter fout = new FileWriter("c.txt");
BufferedWriter bout = new BufferedWriter(fout);          //缓冲包装
for (int i = 0; i<s.length; i++) {
    bout.write(s[i]);                                     //输出字符串
    bout.newLine();                                       //输出换行
}
bout.flush();
bout.close();
```
程序结果：

9.5 其它输入/输出流

上述主要是针对文件进行面向字节、字符的输入/输出操作，这也是最为常见的情况，但是在实际进行输入/输出操作时的数据源端和数据接收端是多样的，比如数组、字符串、对象等等，JDK 中都有相应的类与之对应，以方便程序员进行输入/输出操作。

9.5.1 对象输入/输出流

将 Java 程序中的一个对象写出到外部文件的操作称为对象序列化(object serialize)；同样，也可以从该文件中将对象恢复到程序中，这就实现了将程序中的对象保存到磁盘文件中，独立于程序存在。一个类的对象要能被序列化，该类在定义的时候要实现 java.io.Serializable 接口；该接口只是一个标记接口，实现该接口无需实现任何方法，它只是表明该类的实例是可序列化的，满足对象序列化的语法要求。

程序示例 9-11 将程序中的 Student2 对象输出到指定的文件 s.bat 中。
程序段(SerializeObject1.java)
```
public static void main (String[] args) throws IOException{
    Student2 s1 = new Student2(101,"张三","男");          //生成对象
    s1.score1 = 80;
    s1.score2 = 90;
```

```
        s1.showInfo();
        FileOutputStream fout = new FileOutputStream("s.bat");
        ObjectOutputStream oout = new ObjectOutputStream(fout);    //输出流包装
        oout.writeObject(s1);                                       //将 s1 对象输出到文件中
        oout.close();
    }
```

程序分析：

(1) 对需要序列化的类声明实现序列化接口。对 Student2 类声明进行改造，让该类声明实现 Serializable 接口：

```
public class Student2 implements Serializable { ... }
```

(2) 将 Student2 对象输出到文件中，先产生面向字节的文件输出流对象 fout，然后"包装"成为对象输出流对象 oout：

```
ObjectOutputStream oout = new ObjectOutputStream(fout);
```

(3) "oout.writeObject(s1);"将构造好的 Student2 对象 s1 输出到 oout 对应的接收端文件 s.bat 中。

通过对象序列化操作，将程序中的某个对象保存到外部文件中，再将文件传送到远端的程序，然后由远端的程序将文件中的对象恢复到程序中，这也是 Java 分布式计算/处理的重要技术之一。

程序示例 9-12 将文件 s.bat 中的 Student2 对象读取到程序中。

程序段(DeserializeObject1.java)

```
        FileInputStream fin = new FileInputStream("s.bat");
        ObjectInputStream oin = new ObjectInputStream(fin);          //输入流包装
        Student2 s = (Student2)oin.readObject();   //该方法返回类型为 Object，需要向下转型
        s.showInfo();
        oin.close();
```

程序结果：

```
General Output
---------------------Configuration:
学号：101
姓名：张三
性别：男
平均分：85.0

Process completed.
```

程序分析：

(1) 同样是先产生基础的面向字节文件输入流对象 fin，然后对 fin 进行"包装"，生成面向字节的对象输入流对象 oin。

(2) 通过 oin 的 readObject()方法读取文件中的一个对象，该方法返回值类型是 Object，要赋值给 Student2 的引用变量，需要进行强制类型转换。

9.5.2 数组/字符串输入/输出流

如果输入/输出的数据源端、数据接收端为字节数组、字符数组或者字符串，如图 9-6 所示，可以使用下面的类来完成输入/输出操作：

(1) 字节数组：ByteArrayInputStream、ByteArrayOutputStream。
(2) 字符数组：CharArrayReader、CharArrayWriter。
(3) 字符串：StringReader、StringWriter。

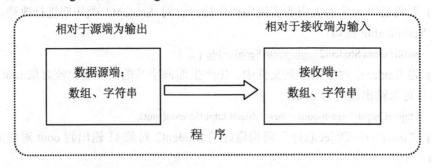

图 9-6 输入/输出端为数组、字符串情况

前面说过输入/输出是相对于程序的，但是如果数据源或者接收端是程序中的数组或者字符串，进行数据传输时输入/输出是相互相对的，例如数组 a 要将数据传输到数组 b 中，可以有下列两种方式：

(1) 相对于数组 b，可以将数组 a 作为数据源端，生成输入流对象，将 a 中的数据输入到 b 中。

(2) 相对于数组 a，可以将数组 b 作为数据接收端，生成输出流对象，将 a 中数据输出到 b 中。

下面以字符串的输入/输出为例进行介绍。数组也是同样道理，这里不再赘述。

程序示例 9-13　以输入流的方式将一个字符串输入到另外一个字符串中。

程序段(StringReaderDemo1.java)

```
String source = "abc 中国 123999";
String target = "";
StringReader sin = new StringReader(source);        字符串输入流对象
int t;
while((t = sin.read()) != -1){                      每次循环从 sin 中读取一个字符给 t
    target = target + (char)t;
}
System.out.println("target = " + target);
```

程序结果：

```
General Output
------------------------Configuration:
target = abc中国123999
Process completed.
```

程序分析：

(1) 该程序是使用 StringReader 的输入流对象 sin 将字符串 source 的字符输入到另外一个字符串 target 中，相对于 target 是输入，可以使用输入流进行操作。

(2) while((t = sin.read()) != -1)中，循环条件是从 sin 中读取一个字符的整数形式赋值给 t，如果 t 不为 –1 则循环继续，当读取到最后一个字符之后，返回 –1 后循环结束。

(3) "target = target + (char)t;"中采用了字符串拼接的形式，从效率上来说，使用 StringBuilder 的 append 方法较好。

上面程序是从 source 输入到 target，相对于 target 是输入；也可以相对于 source 采用输出流的形式，将 source 的字符输出到 target 中，如下列程序所示。

程序示例 9-14 以输出流的方式将一个字符串输出到另外一个字符串中。

程序段(StringReaderDemo2.java)

```
String source = "abc 中国 123999";
String target = "";
StringWriter sout = new StringWriter();        字符串输出流对象
sout.write(source);                            将字符串输出到输出流对象
target = sout.toString();                      将输出流对象转换为字符串
System.out.println("target = " + target);
```

程序结果：

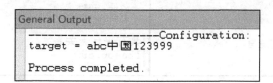

程序分析：

(1) "StringWriter sout = new StringWriter();"中，注意 sout 对象的生成是不需要参数的，字符串输出流对象 sout 可以接受字符串。

(2) "sout.write(source);"语句将 String 对象 source 中的字符串输出到输出流对象 sout 中。

(3) "target = sout.toString();"语句将 sout 这个输出流对象得到的字符串赋值给接收端字符串。

9.5.3 顺序输入流

SequenceInputStream 类是面向字节顺序输入流类，其父类为 InputStream，用以将多个输入流按顺序连接在一起，没有对应的输出流。当将多个输入流连接成为单一的输入流时，就可以按顺序进行输入操作，将其中的一个输入流数据输入完毕，即可开始下一个输入流数据的输入，直到所有的输入流输入完毕为止。

SequenceInputStream 类的构造函数主要有两个：

(1) public SequenceInputStream(InputStream s1, InputStream s2)：将两个 InputStream 输

入流合并为一个 SequenceInputStream 输入流对象。

(2) public SequenceInputStream(Enumeration<? extends InputStream> e)：将多个 InputStream 构成的枚举对象合并成为一个 SequenceInputStream 输入流对象。

程序示例 9-15　将两个面向字节的文件输入流合并为顺序输入流。

程序段(SequenceDemo1.java)

```
SequenceInputStream sin = null;
InputStream in1 = new FileInputStream("d://javaCode//a1.txt");
InputStream in2 = new FileInputStream("d://javaCode//a2.txt");
OutputStream out1 = new FileOutputStream("d://javaCode//a3.txt");
sin = new SequenceInputStream(in1,in2);           将 in1、in2 合并为 sin
int temp = 0;
while((temp=sin.read())!=-1)
{
    out1.write(temp);
}
in1.close();        in2.close();
out1.close();       sin.close();
```

程序结果：

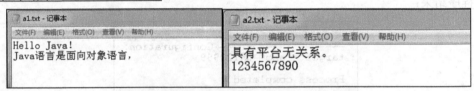

9.6　File 类

File 是文件的意思，但是 java.io.File 类不仅仅对文件进行操作，还可以对文件夹进行操作。

9.6.1　File 对象

可以将外部存储器中的文件、文件夹生成 File 类对象，只需要提供文件或者文件夹的具体路径和名字即可，如将 d 盘下 javaCode 目录下的 FileDemo1.java 文件生成 File 类对象 f1、f2，下列这两种方式都是正确的：

第九章 Java 输入/输出 · 155 ·

```
File f1 = new File("d:\\javaCode\\FileDemo1.java");
File f2 = new File("d:/javaCode/FileDemo1.java");
```

同样，也可以将 d 盘下的 javaCode 文件夹生成 File 类对象 f3、f4：

```
File f3 = new File("d:\\javaCode");
File f4 = new File("d:/javaCode");
```

从上面四句程序的字面上看不出 File 对象里面是文件还是文件夹。从习惯上来说，文件一般带后缀名，用以区分文件类型；文件夹不带后缀名，用以保存文件或子文件夹。但这只是习惯，也可以对文件夹起后缀名，而文件没有后缀名，如图 9-7 所示，FileDemo.java 实际是个文件夹，javaCode 实际是个 Java 源文件。所以上面程序中，对于 f1～f4 对象而言，只能采用 File 类相应方法才能判断出它们对应的是文件还是文件夹。

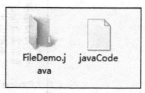

图 9-7 文件和文件夹名

另外，也可以使用下列方式生成 File 类对象：

```
File f5 = new File("d:\\javaCode" , "FileDemo1.java");
File f5 = new File("d:/javaCode" , "FileDemo1.java");
```

其中，第一个参数是盘符-路径名，第二个参数是文件名/文件夹名，表示将指定盘符路径名下的文件/文件夹生成 File 类对象。

9.6.2 对文件进行操作

对一个文件生成一个 File 类对象，就能够对该文件进行各种操作，主要是获取文件的信息、创建、删除以及设置文件的属性等。

程序示例 9-16 获取文件的信息。

程序段(FileDemo1.java)

```
    File f1 = new File("d:/javaCode/FileDemo1.java");          将指定文件生成 File 类对象 f1
    if(f1.exists()){
        System.out.println("文件名:" + f1.getName());
        System.out.println("文件父目录:" + f1.getParent());
        System.out.println("文件绝对路径名:" + f1.getAbsolutePath());
        System.out.println("文件路径名:" + f1.getPath());
        System.out.println("是否为文件:" + f1.isFile());
        System.out.println("是否为隐藏属性:" + f1.isHidden());
        System.out.println("文件长度:" + f1.length());
        System.out.println("文件是否能读:" + f1.canRead());
        System.out.println("文件是否能写:" + f1.canWrite());
        System.out.println("文件最后修改时间:" + f1.lastModified());
    }else{
        f1.createNewFile();
    }
```

程序结果：

```
General Output
------------------------Configuration: <Default>-
文件名:FileDemo1.java
文件父目录:d:\javaCode
文件绝对路径名:d:\javaCode\FileDemo1.java
文件路径名:d:\javaCode\FileDemo1.java
是否为文件:true
是否为隐藏属性:false
文件长度:901
文件是否能读:true
文件是否能写:true
文件最后修改时间:1525277987133

Process completed.
```

程序分析：

(1) 可以通过 File 类的对象 f1 相应的对象方法获取 FileDemo1.java 文件的各种信息。

(2) f1.lastModified()方法是获取文件最后被修改的时间，返回的是一个 long 整数，表示的是与时间点(1970 年 1 月 1 日，00:00:00 GMT)之间经过的毫秒数，可以依据这个整数转换为具体的年月日时分秒。

对文件的操作，除了上述程序获取文件的信息，还包括以下方法：

(1) public int compareTo(File pathname)：比较两个抽象路径名。
(2) public boolean delete()：删除文件。
(3) public boolean renameTo(File dest)：重命名。
(4) public boolean setLastModified(long time)：设置最后一次修改时间。
(5) public boolean setReadable()：设置只读。
(6) public boolean setWritable(boolean writable)：设置只写。
(7) public boolean createNewFile()：创建新文件。

9.6.3 对文件夹进行操作

File 类对象还可以对文件夹进行各种操作，主要是获取文件夹信息、创建文件夹和设置文件夹属性等。

程序示例 9-17 显示文件夹的信息，如果文件夹中有文件则显示文件的大小，如果文件夹中有子文件夹则显示文件夹名。

程序段(FileDemo2.java)

```
File file = new File("d:/文档");                    将指定文件夹生成 File 类对象 file
System.out.println("文件夹名:" + file.getName());
System.out.println("父目录:" + file.getParent());
System.out.println("绝对路径名:" + file.getAbsolutePath());
System.out.println("路径名:" + file.getPath());
System.out.println("是否为隐藏:" + file.isHidden());
System.out.println("是否为绝对路径:" + file.isAbsolute());
System.out.println("----------分隔线------------");
```

第九章 Java 输入/输出

```
        String[] list =file.list();                    获取文件夹下子文件夹/文件的信息
        File temp;
        for (int i = 0; i<list.length; i++){
            temp = new File("d:/文档", list[i]);        File 类构造函数：路径名，文件名
            if(temp.isDirectory()){
                System.out.println("文件夹:" + temp.getName());
            }else {
                System.out.println("文件:" + temp.getName() + ",长度:" + temp.length());
            }
        }
    }
```

程序结果：

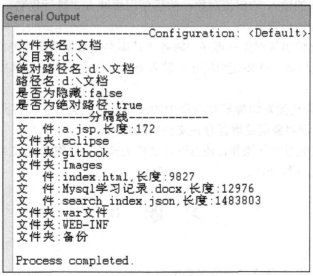

程序分析：

(1) "File file = new File("d:/文档");"将 d 盘下的"文档"文件夹构造为 File 类对象 file。

(2) "String[] list = file.list();"中，file.list()方法是将该文件夹内的所有文件和文件夹的名字生成一个 String 类数组。

(3) 遍历 list 数组，将每一个字符串元素构造为一个 File 类对象 temp，然后用该对象的 isFile()/isDirctory()方法判断该对象是文件还是文件夹。

对于文件夹的操作，主要还有下列方法：

(1) public int compareTo(File pathname)：比较两个抽象路径名。
(2) public boolean delete()：删除文件夹(前提为空)。
(3) public boolean mkdir()：创建文件夹。
(4) public boolean renameTo(File dest)：重命名。
(5) public boolean setLastModified(long time)：设置最后一次修改时间。
(6) public boolean setReadable()：设置只读。
(7) public boolean setWritable(boolean writable)：设置只写。

本章小结

1. Java 的输入/输出是相对于程序的。相对于程序，数据进来的就是输入(input, read)；相对于程序，数据出去的就是输出(output, write)。

2. 输入流对象，对应数据源端，有能力将数据源端的数据输入到程序中的对象。

3. 输出流对象，对应数据接收端，有能力将程序中的数据输出到接收端的对象。

4. Java 按照输入/输出的数据单位主要分为面向字节和面向字符两种，它们的主要父类为 InputStream/OutputStream 和 Reader/Writer。

5. 由于 Java 面向的数据源和数据接收端的多样性，以及输入/输出的多种方式，所以 Java 的输入/输出类比较多，应重点掌握面向字节和字符的文件输入/输出方式。

6. 创建了基本的输入/输出流对象，然后使用缓冲方式进行包装，让输入/输出具有缓冲方式，提高输入/输出效率。

7. 使用格式化输出流对象从程序中将各个基本类型数据输出到外部文件，想要从文件还原这些基本类型数据，就要使用格式化输入流对象按照原来输出格式的顺序读取这些基本类型数据。

8. 采用输入/输出流对象能够将程序中的对象输出到文件中，持久化程序中生成的对象，然后采用输入流对象能读取保存在文件中的对象。

9. File 类不仅能对文件操作，还可以对文件夹操作，获取文件/文件夹的信息，还可以对文件/文件夹进行各种处理。

习题九

一、简答题

1. 什么是"流"？什么是"流对象"？

2. 输入/输出操作的"入"和"出"是相对于什么而言的？读入/读出、写入/写出这些说法是否合适？
3. Java 输入/输出面向字符的有哪些类？面向字节的有哪些类？
4. 面向字节的文件输入流对象的主要方法是 read，有哪些重载形式？区别是什么？
5. 面向字节的文件输出流对象的主要方法是 write，有哪些重载形式？区别是什么？
6. 面向字符输入/输出操作和面向字节输入/输出操作的主要区别是什么？
7. 如果让一个输入/输出具有缓冲方式，缓冲方式有什么好处？
8. 什么是对象序列化？如何将对象写出到外部文件进行保存？
9. 对 String 和数组用输入/输出的方式进行数据传输，使用输入流还是输出流？
10. 如何区分 File 对象中是文件还是文件夹？
11. 什么是文件读/写指针？
12. 如何查看和设置指定文件的属性？

二、操作题

1. 在 c 盘 doc 目录下建立一个 file1.txt，向该文件中输出"welcome to Java's world"，并使用记事本检查是否成功。
2. 在程序中打开第 1 题建立的文件，将文件中的字符读入到 String 中，并在控制台上显示。
3. 在 c 盘 doc 目录下有一些文件和文件夹，请将 doc 目录下的所有文件复制到 d 盘的 doc 目录下。
4. 将一个 mp3 的歌词文件(.lrc)作为数据源读入程序中，将文件中的所有时间控制格式字符去掉(如：[00:00.62])后按行写入一个新文件中，文件名和歌词文件名相同，后缀名为.txt。如下图所示，左边是一个"汪峰-北京北京.lrc"文件，右边是经过程序处理后得到的"汪峰-北京北京.txt"文件.

```
[ver:v1.0]
[ar:汪峰]
[ti:北京北京]
[00:01.63]北京北京-汪峰
[00:30.47]当我走在这里的每一条街道
[00:36.72]我的心似乎从来都不能平静
[00:44.78]除了发动机的轰鸣和电气之音
[00:51.14]我似乎听到了他烛骨般的心跳
[00:59.20]我在这里欢笑我在这里哭泣
```
⇒
```
歌手：汪峰
歌名：北京北京
北京北京-汪峰
当我走在这里的每一条街道
我的心似乎从来都不能平静
除了发动机的轰鸣和电气之音
我似乎听到了他烛骨般的心跳
我在这里欢笑我在这里哭泣
```

5. 使用 DataInputStream 和 DataOutputStream 等类将程序中的各个基本数据写出到文件中，然后在另外一个程序中将该文件中的这些基本数据读取并在控制台中显示。
6. 使用第五章中的 Student3 类生成一个有五个元素的学生数组，将这个数组写入到文件 array1.bat 中。
7. 读取第 6 题生成的文件 array1.bat，将文件中学生类数组的对象读入到程序中，并显示这些学生对象的信息。

第十章 Java 常用类介绍

本章学习内容：
- 基本数据包装类
- 自动装箱、自动拆箱
- System 类的使用
- Random 类的使用
- Date 类的使用
- Calendar 类的使用
- SimpleDateFormat 类的使用

10.1 基本数据包装类

1. 包装类

Java 语言源于 C 语言，因此 Java 中也保存了类似 C 语言的基本数据类型，共有八种，即 byte、short、int、long、char、boolean、float、double。正是这些基本数据类型，使得 Java 不是一个单纯的面向对象语言，因为这些基本数据类型定义的是基本数据类型变量，而并不是对象。

如果要让这些基本数据也能像对象一样进行方法调用等面向对象的编程方式，就需要将这些基本数据类型转换为对应的类。Java 定义了包装类(Wrapper Classes)与这八种基本数据类型对应，它们都位于 java.lang 包中。这些包装类中可以保存对应的基本数据类型的数据，并可以完成相应的操作，如表 10-1 所示。

表 10-1 Java 基本数据包装类

基本数据类型	包装类	包装类父类
byte	Byte	java.lang.Number
short	Short	java.lang.Number
int	Integer	java.lang.Number
long	Long	java.lang.Number
char	Character	java.lang.Object
boolean	Boolean	java.lang.Object
float	Float	java.lang.Number
double	Double	java.lang.Number

2. 装箱与拆箱

(1) 装箱：将基本类型数据转换为包装器类型对象。

(2) 拆箱：将包装器类型对象转换为基本类型数据。

在 Java SE5 之前的版本中，如果要生成一个数值为 10 的 Integer 对象，必须这样编写：

  Integer i = new Integer(10);

而要将一个 Integer 对象的整数值赋值给 int 变量，需要这样编写：

  int t = i.intValue();

从 Java SE5 版本开始提供了自动装箱的功能，例如，如果要生成一个数值为 10 的 Integer 对象，可以直接赋值(Integer i = 10;)，这个过程中，系统会自动根据等号右边的数值创建对应的 Integer 对象，这就是自动装箱。自动拆箱跟自动装箱对应，就是自动将包装器类型中保存的数据转换为基本类型的数据，例如：

  Integer i = 10;   //自动装箱

  int n = i;   //自动拆箱

3. 包装类的应用

Java 设计的这些包装类中有很多实用的方法，以方便对这些基本数据进行各种处理。下面以 Integer 为例进行介绍，其它包装类请读者自行查询帮助文档使用。

程序示例 10-1 从键盘输入一个整数类型字符串，将其转换为对应的 int 数值。

程序段(IntegerDemo1.java)

```
import java.util.Scanner;
public class IntegerDemo1 {
    public static void main(String[] args) {
        Scanner sc = new Scanner(System.in);
        String str = sc.nextLine();
        int m = Integer.parseInt(str);
        System.out.println("m = " + m);
    }
}
```

程序结果：

```
General Output
--------------------Configuration:
123
m = 123
Process completed.
```

```
General Output
--------------------Configuration:
-34
m = -34
Process completed.
```

```
General Output
--------------------Configuration: <Default>--------------------
abc
Exception in thread "main" java.lang.NumberFormatException: For input string: "abc"
    at java.lang.NumberFormatException.forInputString(NumberFormatException.java:65)
    at java.lang.Integer.parseInt(Integer.java:492)
    at java.lang.Integer.parseInt(Integer.java:527)
    at IntegerDemo1.main(IntegerDemo1.java:14)

Process completed.
```

程序分析：

(1) 如果没有 Integer 包装类，解决这个问题就要像在 C 语言中一样使用面向过程的分支、循环等语句来完成，需要判断输入的整数是正数还是负数，然后遍历字符串，取出每个字符转换为整数，最后按一定算法拼接成为对应的整数。

(2) 有了 Integer 这个类，只需要调用 Integer 类的静态方法 parseInt 即可完成，而且对于正数、负数以及非整数情况都能处理，对于不是整数情况的将抛出异常。

(3) 反之，将一个整数转变为对应的整数字符串形式，同样也可以使用 Integer 的 toString 方法来完成：

```
int m = 134;
String s = Integer.toString(m);
```

(4) 类似的其它包装类也有这样的操作，如 parseByte(String str)、parseShort(String str)、parseLong(String str)、parseFloat(String str)、parseDouble(String str)等，将字符串形式的数据转换为对应的基本类型数据即可。

10.2　System 类

Java 将一些与系统相关的函数和变量放在 System (java.lang.System)类中，System 类提供了对外部定义的属性和环境变量的访问，加载文件和库以及数组拷贝等方法。

1. System 的属性

(1) public static final InputStream in：标准输入设备(键盘)。

(2) public static final InputStream out：标准输出设备(显示器)。

(3) public static final InputStream err：标准错误输出流。

2. System 的常用方法

(1) public static void exit(int status)：系统退出，如果 status 为 0 就表示退出。

(2) public static void gc()：运行垃圾收集机制，调用 Runtime 类中的 gc 方法。

(3) public static long currentTimeMillis()：返回以毫秒为单位的当前时间。

(4) public static long nanoTime()：返回最准确的可用系统计时器的当前值。

(5) public static void arraycopy(Object src,int srcPos, Object dest,int desPos,int length)：数组拷贝操作。

(6) public static Properties getProperties()：取得当前系统的全部属性。

(7) public static StringgetProperty(String key)：根据键值取得属性的具体内容。

3. System 类的使用

程序示例 10-2　计算程序段运行耗费的时间(毫秒数)。

程序段(SystemDemo1.java)

```
public static void main(String args[]){
    long startTime = System.currentTimeMillis();        运行该语句的时刻
    int sum = 0 ;
```

第十章 Java 常用类介绍

```
        for(int i=0;i<30000000;i++){
            sum += i;
        }
        long endTime = System.currentTimeMillis();          运行该语句的时刻
        System.out.println("程序耗费的时间为："+ (endTime-startTime) +"毫秒") ;
    }
```
程序结果：

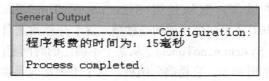

程序示例 10-3 列出本机系统的指定属性。
程序段(SystemDemo2.java)
```
    public static void main(String args[]){
        System.out.println("系统版本："+ System.getProperty("os.name")
            + System.getProperty("os.version")
            + System.getProperty("os.arch")) ;
        System.out.println("系统用户："+ System.getProperty("user.name")) ;
        System.out.println("当前用户目录："+ System.getProperty("user.home")) ;
        System.out.println("当前用户工作目录："+ System.getProperty("user.dir")) ;
    }
```
程序结果：

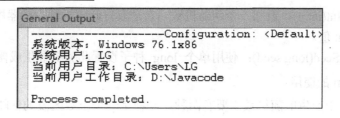

程序分析：
可以使用"System.getProperties().list(System.out);"列出本机的全部系统属性，也可以通过对应的属性名获得本机指定的属性。

10.3　Random 类

随机数在程序中的使用是比较常见的，因此 Java 中专门定义了一个 Random(java.util.Random)类来生成伪随机数。之所以称为伪随机数，是因为真正意义上的随机数(或者称为随机事件)在某次产生过程中是按照实验过程表现的分布概率随机产生的，其结果不可预测，而计算机中的随机函数是按照一定的算法模拟产生的，其结果具有一定的确定性，因此这样产生的数据不是真正意义上的随机数。

1. Random 构造函数

Java API 中提供了两个构造方法来创建一个 Random 对象：

(1) Random()：无参构造函数。

(2) Random(long seed)：使用 long 类型参数作为种子的构造函数。

无参构造函数底层也是调用了有参构造函数，将 System.nanoTime()作为参数传递，即如果使用无参构造，默认的 seed 值为 System.nanoTime()，使用种子产生的伪随机数随机性更好。

在 JDK 1.5 版本以前，默认是用 System.currentTimeMillis()函数值作为种子，System.currentTimeMillis()产生一个当前的毫秒数，这个毫秒数是自 1970 年 1 月 1 日 0 时起到当前的毫秒数。而 System.nanoTime()是从某个不确定的时间起(同一个虚拟机上的起始时间是固定的)到当前的时间差，它精确到纳秒，这个不确定的起始时间可以是未来，而如果起始时间是未来，得到的就是个负数。

2. Random 的主要方法

(1) boolean nextBoolean()：返回下一个伪随机数，它是取自此随机数生成器序列的均匀分布的 boolean 值。

(2) void nextBytes(byte[] bytes)：生成随机字节并将其置于用户提供的 byte 数组中。

(3) double nextDouble()：返回下一个伪随机数，它是取自此随机数生成器序列的、在 0.0 和 1.0 之间均匀分布的 double 值。

(4) double nextGaussian()：返回下一个伪随机数，它是取自此随机数生成器序列的、呈高斯正态分布的 double 值，其平均值是 0.0，标准差是 1.0。

(5) int nextInt()：返回下一个伪随机数，它是此随机数生成器的序列中均匀分布的 int 值。

(6) int nextInt(int n)：返回一个伪随机数，它是取自此随机数生成器序列的[0，n-1]之间均匀分布的 int 值。

(7) void setSeed(long seed)：使用单个 long 种子设置此随机数生成器的种子。

3. Random 的使用

一般在程序中产生的随机数主要有两种，一种是一个小数区段的伪随机数；另外一种是一个整数区段的伪随机数。

下面首先创建 Random 的对象 ra(Random ra = new Random();)，然后通过 ra 调用相应的对象方法来创建伪随机数，例如：

(1) 生成[0,10)区间的整数：

    int n2 = ra.nextInt(10);(左闭右开)

(2) 生成[n,m] 区间的整数：

    ra.nextInt(n-m+1) + m

(3) 生成[10,50] 区间的整数：

    ra.nextInt(41) + 10

(4) 生成-2^{31}到2^{31-1}之间的整数：

    int n = ra.nextInt();

(5) 生成[0,1.0)区间的小数：
　　double d1 = ra.nextDouble();
(6) 生成[0,5.0)区间的小数：
　　double d2 = ra.nextDouble() * 5;
(7) 生成[1,2.5)区间的小数：
　　double d3 = ra.nextDouble() * 1.5 + 1;

程序示例 10-4　生成 100 个[10,50]区间的随机数。

程序段(RandomDemo1.java)

```
public static void main (String[] args) {
    Random ra = new Random();
    int t;
    for (int i = 1; i<=100; i++) {                        //100 次循环
        t = ra.nextInt(41) + 10;                          //[10,50]区间随机数
        System.out.print(t + "\t");
        if(i%10 == 0)                                     //每输出 10 个数换行
            System.out.println();
    }
}
```

程序结果：

```
General Output
-----------------------Configuration: <Default>
42  19  50  12  48  46  38  42  40  11
10  40  14  17  12  15  36  10  28  11
43  32  22  36  21  27  24  21  14  24
32  44  44  22  13  48  36  21  17  28
31  23  30  46  35  24  26  25  49  10
17  22  31  48  19  21  37  23  13  30
20  22  10  19  36  37  35  43  45  49
12  23  17  42  30  27  37  26  34  45
19  16  24  11  49  30  39  25  14  46
27  29  33  24  30  49  45  18  10  47

Process completed.
```

程序分析：

每次运行程序，能看出这 100 个数具有一定的随机性，分布在 10 到 50 之间。

10.4　日期时间类

Java 对于日期和时间进行处理的类主要有：古老的 Date 类、处理年月日的日历类 Calendar 和格式化日期对象 SimpleDateFormat 类。

除了这三个类之外，还有在 java.sql 包中的日期时间类，这里对此不做介绍。

10.4.1 Date 类

Date(java.util.Date)类从 jdk1.0 就开始被设计出来，Java 早期的版本中有关日期和时间的操作几乎都是由 Date 类完成的，有很多对于时间日期的获取/设置方法，现在这些方法大多不再使用，被 Calendar 中的方法所替代了。

Date 中封装了一个 long 类型的成员变量 "private transient long fastTime;"，这个变量是整个时间日期操作的对象。我们使用该变量代表时间和日期，整数值代表的是距离格林尼治标准时间(1970 年 1 月 1 日 0 时 0 分 0 秒)所经过的毫秒数，也就是说 fastTime 值为 1000 的时候代表时间为 1970 年 1 月 1 日 0 时 0 分 1 秒。

Date 的构造函数主要有以下两个：

```
public Date(long date) {                      传入毫秒数构造 Date 对象：指定时间
    fastTime = date;
}
public Date() {                               使用系统当前时间构造 Date 对象
    this(System.currentTimeMillis());
}
```

从 Java API 帮助文档查询可知，Date 类的大部分方法已经注释为过时，被 Calendar 中的方法代替，所以 Date 类主要是用于代表某一个时刻的对象，而对时间的处理基本交给了 Calendar 类来完成。

10.4.2 Calendar 类

Calendar(java.util.Calendar)是处理日期时间的核心类。该类中封装了很多静态常量字段 (field)，这些日历字段分别用来表示日期时间属性，例如 YEAR 表示年份，MONTH 表示月份，WEEK 代表星期几，HOUR 表示小时等，并且具有相应的获取/设置这些属性的方法。(注：月份和星期几都是从 0 开始计数的，0 代表 1 月、星期一。)

Calendar 是抽象类，所以不能使用 new 方式来创建 Calendar 的对象，而是要使用类方法 getInstance()来获取该类的对象，如 "Calendar rightNow = Calendar.getInstance();"，对象 rightNow 中的日历字段由执行该语句时的当前日期和时间进行初始化。日期时间的操作方法主要有两类，一是获取日期时间的日历字段值，如年月日时分秒等；二是设置各个日历字段的值。

程序示例 10-5 获取当前时间的各个日历字段。

程序段(CalendarDemo1.java)

```
Calendar ca = Calendar.getInstance();     以程序运行到该句时的日期时间定义对象 ca
int year = ca.get(Calendar.YEAR);
int month = ca.get(Calendar.MONTH);
int date = ca.get(Calendar.DAY_OF_MONTH);
int hour = ca.get(Calendar.HOUR);
int minute = ca.get(Calendar.MINUTE);
```

```
int second = ca.get(Calendar.SECOND);
long millSecond = ca.get(Calendar.MILLISECOND);
int isAfternoon = ca.get(Calendar.AM_PM);   使用 get 方法获取各个日期时间字段
System.out.println(year + "年" );
System.out.println((month + 1) + "月");
System.out.println(date + "日");
if(isAfternoon == 1)
    System.out.print("下午");
else
    System.out.print("上午");
System.out.println(hour + "时");
System.out.println(minute +"分");
System.out.println(second + "秒");
System.out.println(millSecond + "毫秒");
```

程序结果：

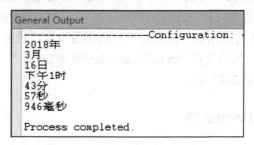

程序示例 10-6　设置/修改各个日历字段。

程序段(CalendarDemo2.java)

```
Calendar ca = Calendar.getInstance();
ca.set(Calendar.YEAR, 2017);
ca.set(Calendar.MONTH, 11);              对 ca 对象设置月份为 12 月
ca.set(Calendar.DAY_OF_MONTH, 25);
ca.set(Calendar.HOUR_OF_DAY, 23);
System.out.println(ca.getTime());        显示 ca 保存的日期时间字符串
System.out.println("------------分隔线 1------------");
ca.add(Calendar.MONTH,2);                对 ca 中的月份加 2
ca.add(Calendar.HOUR,3);                 对 ca 中的小时加 3
System.out.println(ca.getTime());
System.out.println("------------分隔线 2------------");
ca.set(Calendar.YEAR, 2017);
ca.set(Calendar.MONTH, 11);
ca.roll(Calendar.MONTH,2);               使用 roll 方法让月份滚动 2
System.out.println(ca.getTime());
```

程序结果：

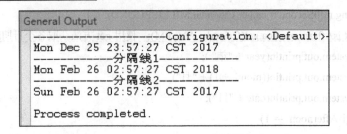

程序分析：

（1）对日历对象进行设置，主要是使用 set 方法，可以指定要设置日历对象的那个字段，也可以直接使用 set 的下面两个重载方法来设置，如 set(int year, int month, int date)，set(int year, int month, int date, int hourOfDay, int minute, int second)。

（2）add 方法是在日历对象的日期时间基础上增加相应字段的值，使得日期时间发生变化，如"ca.add(Calendar.MONTH,2);"是对 ca 对象中的月份加 2 个月，"ca.add(Calendar.HOUR,3);"对小时加 3 个小时，这些增加会导致 ca 对象的字段发生进位变化。上述程序中，开始设置的 ca 对象为 2017 年 12 月 25 日 23 点，加了 2 个月变为 2018 年 2 月，加了 3 个小时，变为 26 日的 2 点。

（3）roll 方法与 add 有点相似，但是对于日历字段没有"进位"操作，如将 ca 对象重新设置为 2017 年 12 月，然后使用"ca.roll(Calendar.MONTH,2);"，可以看到月份变为 2 月，但是年份没有进位，还是 2017 年。

10.4.3　SimpleDateFormat 类

SimpleDateFormat(java.text.SimpleDateFormat)类使用与语言环境有关的方式来格式化和解析日期对象：

（1）格式化：将日期对象按照某种格式转换为对应的字符串文本。

（2）解析：将一个规范的日期形式字符串转换为对应的日期类型对象。

简单来说，就是实现日期时间对象和字符串之间的相互转换，并且该类还允许自定义转换的字符串格式模板。

SimpleDateFormat 类继承结构图如图 10-1 所示。

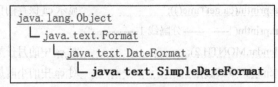

图 10-1　SimpleDateFormat 类继承结构图

SimpleDateFormat 类的父类是 DateFormat(日期格式化类)，该类主要用于实现 Date 对象和字符串之间的相互转换，主要使用下列两个方法：

（1）public final String format(Date date)：将 Date 类型转换为字符串对象。

（2）public Date parse(String source)：将字符串对象转换为 Date 类型对象。

DateFormat 类对于 Date 和 String 的转换是使用固定的字符串模板形式，字符串模板形式如"年-月-日 时:分:秒"。下面通过示例程序进行说明。

程序示例 10-7   DateFormat 类的使用。

程序段(DateFormatDemo1.java)

```
import java.util.*;
import java.text.DateFormat;
import java.text.ParseException;
public class DateFormatDemo1 {
    public static void main(String[] args) throws {
        Calendar c = Calendar.getInstance();
        DateFormat dt1 = DateFormat.getDateInstance();        //日期格式对象
        DateFormat dt2 = DateFormat.getTimeInstance();        //日期格式对象
        DateFormat dt3 = DateFormat.getDateTimeInstance();    //日期时间格式对象
        System.out.println(dt1.format(c.getTime()));
        System.out.println(dt2.format(c.getTime()));          //使用格式对象来格式化 Date 对象
        System.out.println(dt3.format(c.getTime()));
        String s = "2017-3-16 18:00:00";                       //规范的日期时间格式字符串
        Date date = dt3.parse(s);
        c.setTime(date);                                      //Date 类与 Calendar 类的转换
        System.out.println(c.getTime());
    }
}
```

程序结果：

```
General Output
-----------------------Configuration:
2018-3-16
17:04:29
2018-3-16 17:04:29
Thu Mar 16 18:00:00 CST 2017

Process completed.
```

程序分析：

(1) DateFormat 类的三个对象 dt1、dt2、dt3 生成的方法不同，对应的格式也就不同：分别指定了日期、时间、日期时间三种格式。

(2) 使用日期格式化对象的 format 方法能够对 Date 对象进行格式化，返回相对应的字符串形式。

(3) 使用日期格式化对象的 parse 方法能将规范化的字符串转换为对应的 Date 对象，这里可能会发生类型转换异常 ParseException。

(4) 从上述程序也能看出 Calendar 和 Date 对象是如何进行转换的：c.getTime()生成 Date 对象；c.setTime(date)使用 Date 对象设置 Calendar 对象的日期时间。

SimpleDateFormat 作为 DateFormat 类的子类，同样可以完成 Date 对象与字符串的转换，同时还能够自定义字符串模板的规范化形式，使转换更为方便灵活。

程序示例 10-8　SimpleDateFormat 类的使用。

程序段(SimpleDateFormatDemo1.java)

```
    public static void main(String[] args) {
        try {
            Calendar c = Calendar.getInstance();
            SimpleDateFormat sf1 = new SimpleDateFormat ("yyyy年 MM 月 dd 日" +
                " E HH 时 mm 分 ss 秒");                         自定义字符串模板
            String s1 = sf1.format(c.getTime());
            System.out.println(s1);
            SimpleDateFormat sf2 = new SimpleDateFormat("yyyy-MM-dd E HH-mm-ss");
            String s2 = "2017-7-10 星期一  00-00-00";
            Date d = sf2.parse(s2);
            System.out.println(d);
            System.out.println(sf1.format(d));
            System.out.println(sf2.format(d));
        }
        catch (ParseException ex) {
            ex.printStackTrace();
        }
    }
```

程序结果：

```
General Output
----------------------Configuration: <Default>
2018年03月16日 星期五 17时19分38秒
Mon Jul 10 00:00:00 CST 2017
2017年07月10日 星期一 00时00分00秒
2017-07-10 星期一 00-00-00
Process completed.
```

程序分析：

(1) 程序中定义了 SimpleDateFormat 类的两个对象，在构造函数中说明字符串模板的形式：

  sf1:　"yyyy 年 MM 月 dd 日 E HH 时 mm 分 ss 秒"

  sf2:　"yyyy-MM-dd E HH-mm-ss"

(2) 字符串模板中字母的具体含义如下：

➢ yyyy 表示使用四位数字输出年份；

➢ MM 表示使用两位数字表示月份；

➢ dd 表示使用两位数字表示日；

➢ E 表示星期几；

> HH 表示使用两位数字表示小时(24 小时)；
> mm 和 ss 分别表示分钟和秒数。

(3) SimpleDateFormat 类对象定义好了字符串模板，可以使用 format 方法对 Date 对象进行格式化，使用 parse 方法将字符串转换为对应的 Date 对象：

> "String s1 = sf1.format(c.getTime());" 对 Date 对象进行格式化，获得对应的日期时间格式的字符串。
> "Date d = sf2.parse(s2);" 将指定格式的字符串对象转换为对应的 Date 对象。

本 章 小 结

1. Java 的 JDK 中有很多实用类，要学会如何查询帮助文档使用它们，并在使用的过程中不断积累这些类，让它们成为编程的强大工具。
2. 基本类型包装类是专门对基本数据类型进行包装，使这些基本数据类型的数据也能够按照面向对象编程的方式来进行操作。
3. Java 的八种基本数据类型对应的包装类如下：byte:Byte，short:Short，int:Integer，long:Long，char:Character，boolean:Boolean，float:Float，double:Double。
4. 自动装箱语句为 "Integer i = 10;"，自动拆箱语句为 "int n = i;"。
5. System 类具有的方法能够获取当前系统的各种属性值、当前系统时间，并能结束程序、对数组进行拷贝等等。
6. Java 对于日期时间的操作主要使用三个类，即 Date、Calendar、SimpleDateFormat。
7. Date 类的大部分方法已经被注释为过时，被 Calendar 中的方法代替，所以 Date 类主要代表某一个时刻的对象，而处理年月日这种转换则完全交给了 Calendar 类。
8. Calendar 类中封装了很多静态常量字段(field)，这些日历字段分别用来表示日期时间属性，使用 get 来获取日期时间的各个字段值。
9. SimpleDateFormat 类继承了 DateFormat 类，除了能对 Date 和 String 进行转换之外，还能够自定义日期时间的字符串模板格式，便于对日期时间进行处理。

习 题 十

一、简答题

1. Java 的八种基本数据类型是否可以使用面向对象的操作方式？为什么？
2. 什么是包装类？各个包装类大概有哪些方法？
3. 什么是自动装箱、自动拆箱技术？
4. 在程序运行时，如何获取运行程序系统的各个属性？
5. 如何使用 System 来对某个程序段进行计时？
6. 什么是伪随机数？
7. 如何产生[35,45]区间的随机数？

8. Date 类和 Calendar 类的关系是什么？这两个类的对象是如何转换的？
9. Calendar 类有哪些日期时间字段？
10. 如何获取 Calendar 对象中的各个日期时间信息？
11. 如何对 Calendar 对象设置指定的日期时间？
12. 日期对象和字符串对象如何进行转换？
13. 如何指定日期时间字符串格式模板？

二、操作题

1. 从键盘录入一行字符串，类似于"abc-123-51.4-afb-66-3.25-4-ffa-47.6"形式，请计算字符串中整数字符串对应的整数平均值、小数字符串的小数之和。

2. 请产生一个 20 位的随机序列号，类似"AF45D-FD4AF-R4138-FER44"。

3. 班上有 48 个学生，每天需要 5 名学生进行值日，每周 5 天，一个学期 18 周，对班上的学生进行随机分配，请设计值日方案，并编程实现。

4. 对第五章中的 Student3 类进行改造，加入一个出生日期字段，再加入一个根据学生出生日期计算年龄的方法，然后在显示信息的方法 showInfo()中加入显示学生出生年月日(如：1990 年 10 月 11 日)和年龄的信息，最后对改造后的 Student3 类进行测试。

第十一章 图形界面设计

本章学习内容：
- Java 图形界面设计基础
- AWT 和 Swing 的概述
- JFrame 窗口设计
- Swing 包中常用组件的使用
- 容器的绝对布局
- 容器使用布局管理器进行布局

11.1 Java 图形界面设计简介

图形用户界面(Graphics User Interface，GUI)设计，主要是指使用各种窗口界面组件进行窗口程序设计，将程序中的数据以窗口的方式呈现给用户，同时用户也可以使用键盘、鼠标等设备通过窗口的组件与程序进行交互，如输入数据、点击按钮、选择菜单等。

图形界面的设计使得程序与用户之间具有更强的交互性，相对于以前在命令窗口下使用各种命令进行交互具有很大的优势，也是目前桌面程序的主流方式。例如电脑上常用的记事本、Office、IDE 等，都是使用图形界面设计方式开发的桌面窗口程序软件。再如 Windows 操作系统下的计算器就是一个典型的窗口程序，它有窗口的各种组件(窗口标题、窗口按钮、菜单及菜单选项、计算按钮等等)，可以通过键盘输入、鼠标点击的方式方便地在该窗口界面下完成计算功能，如图 11-1 所示。

图 11-1 计算器桌面程序

计算器这个桌面程序是怎么设计和开发出来的呢？这主要涉及以下三个问题：

(1) 窗口使用哪些窗口组件及组件属性如何设置？
(2) 这些组件在窗口中是怎么布局的？
(3) 窗口组件如何响应各种事件(如键盘输入、鼠标点击等)？

本章主要涉及前两个问题，即窗口组件以及组件在窗口中的布局；最后一章将涉及第三个问题，即如何让这些窗口组件能够响应各种事件动作。

Java 语言提供了两个用以完成 GUI 程序设计的包，即 java.awt 包和 javax.swing 包，这些包提供的相关类能够帮助程序员完成窗口编程。

11.2 AWT 概述

Java 1.0 发布之初，包含了一个用于基本 GUI 程序设计的类库，SUN 公司将它们称为抽象窗口工具箱(Abstract Windows Toolkit，AWT)。AWT 为 Java 应用程序提供了基本的窗口图形组件、布局管理、事件管理以及辅助类，但是 AWT 开发出来的图形界面不够美观，运行速度较慢，在不同平台上可能出现不同的运行效果。之后，SUN 公司和 Netscape 公司共同开发出了 Java 基础类库(Java Foundation Class，JFC)，把 Netscape 公司的 Internet 基础类库中优秀和先进的设计思想集成进 JFC 中，并在 Java 2 版本中新增了 Swing 工具包，作为 AWT 的扩展和补充。Swing 没有完全替代 AWT，而是基于 AWT 架构进行了窗口组件的扩展。Swing 提供了能力更加强大的用户界面组件，但是窗口布局管理、事件处理和辅助类(如字体类、颜色类等)还是在 AWT 包中，所以在进行 Java 用户界面开发时一般都需要使用到这两个包。

java.awt 包中的相关类能够完成窗口的界面设计，包括窗口组件、组件布局、事件处理等等。该包下主要包含两个基类，即 Component(组件)和 MenuComponent(菜单组件)，而除了这两个基类及其子类之外，还有一些窗口辅助类(如字体、颜色和事件等)。

(1) Component 类层次结构如图 11-2 所示。

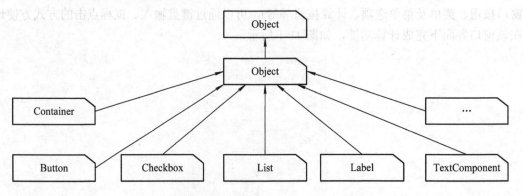

图 11-2 AWT 下的 Component 类层次结构

Component 组件类是构成窗口的图形界面元素，也称为窗口组件类，使用这些类能够构建出窗口界面，主要如下：

① Container：容器类(具有各种容器子类)；
② Button：按钮类(具有各种按钮子类)；

③ Checkbox：复选框；
④ List：文本列表；
⑤ Label：标签；
⑥ TextComponent：文本编辑组件(TextField、Password、TextArea 等)。

(2) MenuComponent 类层次结构如图 11-3 所示。

抽象类 MenuComponent 是所有与菜单相关的组件的超类，其下的两个类 MenuBar 菜单栏和 MenuItem 菜单选项，用于构建窗口的菜单。

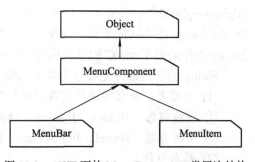

图 11-3 AWT 下的 MenuComponent 类层次结构

上述(1)、(2)这些 AWT 下的窗口组件类，在 Swing 包中基本都有对应的组件类。现在的窗口编程基本不再使用 java.awt 包中的这些组件类，而使用 javax.swing 包中对应的组件，如 AWT 中的 Button、Checkbox、List、Label、MenuBar、MenuItem 等类，在 Swing 包中对应的是 JButton、JCheckbox、JList、JLabel、JMenuBar、JMenuItem 等。

(3) AWT 包中还有一些其它的辅助类，如图 11-4 所示。

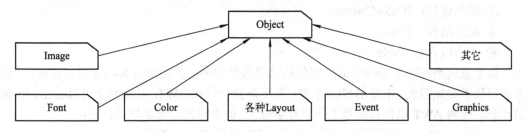

图 11-4 AWT 下的其它辅助类

在使用 Java 进行窗口界面设计时，窗口组件主要使用 javax.swing 包中的类，但是对于 java.awt 包中这些辅助类，在 Swing 中并没有新的类替代，因此还需要使用它们，主要如下：

① Layout：各种布局管理器类(如 FlowLayout、BorderLayout 等)；
② Font：字体类；
③ Color：颜色类；
④ Image：图形图像类的超类；
⑤ Event：事件类；
⑥ Graphics：绘图类。

本章的窗口界面设计中，将用各种 Layout 对窗口的组件进行布局，用 Font 类来调整界面字体，用 Color 类调整颜色，用 Image 处理图片图像等，而在下一章中将使用事件类、监听器类来进行事件处理等。

11.3 Swing 概述

Swing 提供许多比 AWT 更好的窗口界面组件，这些组件是用 Java 实现的轻量级

(light-weight)组件，没有本地代码，不依赖操作系统的支持，这也是它与 AWT 组件的最大区别。Swing 在不同的平台上表现一致，并且有能力提供本地窗口系统不支持的其它特性。Swing 组件采用了 MVC 的设计模式(Model-View-Control)，设计更合理，功能更强大。

Swing 的常用组件主要分为以下几类：

(1) 容器类：能够容纳其它窗口组件的组件。
① 顶级容器：JFrame、JDialog、JApplet、JWindow。
② 中间容器：JPanel、JScrollPane、JToolBar、JSplitPane。

(2) 基本组件。
① 按钮组件：JButton、JRadioButton、JCheckBox。
② 标签组件：JLabel。
③ 文本组件：JTextField、JPasswordField、JTextArea。
④ 列表组件：JComboBox、JList。
⑤ 菜单组件：JMenuBar、JMenu、JMenuItem、JToolBar。

(3) 复杂组件。
① 文件选择：JFileChooser。
② 颜色选择：JColorChooser。
③ 树形组件：JTree。
④ 表格组件：JTable。

以上也只是列出了 Swing 的一部分较常用的组件类，前面说过 Swing 只是在窗口组件方面提供了更加强大、丰富的 GUI 组件，并不能完全替代 AWT。从命名上可以看出，Swing 组件和对应的 AWT 组件只是差了一个首字母 J，但也有几个命名例外，如：

➢ JComboBox：下拉列表组件，对应 AWT 中的 Choice 组件。
➢ JFileChooser：文件选择器组件，对应 AWT 中的 FileDialog 组件。

下面来看 Swing 容器和组件类的层次结构。

Swing 顶级容器类层次结构如图 11-5 所示。

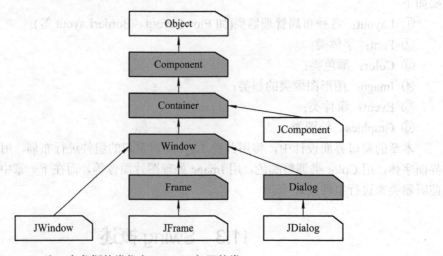

注：灰色框的类代表 java.awt 包里的类。

图 11-5 Swing 顶级容器类层次结构

Swing 中间容器以及组件类层次结构(部分)如图 11-6 所示。

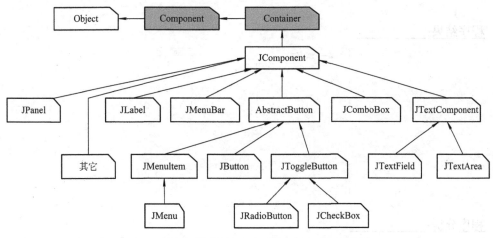

图 11-6 Swing 中间容器以及组件类层次结构

从这两个图来看，Swing 的组件非常丰富，这里不可能一一涉及，在后面章节中将挑选一些常用的容器和组件进行介绍。

11.4 JFrame 窗口

JFrame 称为窗口框架，是带标题栏并且可以改变大小的窗口，一般使用它来构建桌面应用程序的窗口。JFrame 类继承自 java.awt.Frame 类，其对象作为独立可运行的主窗口，通常用于开发桌面应用程序，通过 JFrame 对象的方法可以设置主窗口的菜单栏、工具栏、状态栏、窗口大小、窗口图标、窗口的各种属性以及在主窗口中添加其它窗口组件等。JFrame 默认的布局管理器是 BorderLayout，通过 setLayout 方法可改变默认的布局管理器，而添加到主窗口的组件的位置和大小可以由布局管理器决定。

程序示例 11-1 使用 JFrame 生成窗口，并对窗口设置基本属性。

程序段(JFrameDemo1.java)

```java
import javax.swing.*;
public class JFrameDemo1 {
    public static void main (String[] args) {
        JFrame fr = new JFrame();              JFrame 的对象代表一个窗口
        fr.setTitle("第一个窗口程序");
        fr.setSize(400,300);
        fr.setLocation(300,200);
        fr.setLayout(null);
//      fr.setLocationRelativeTo(null);        设置窗口位置居中
        frame.setResizable(false);
        fr.setDefaultCloseOperation(JFrame.EXIT_ON_CLOSE);
        fr.setVisible(true);                   设置好窗口后让窗口显示出来
```

}
}
程序结果：

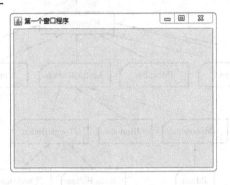

程序分析：

(1) JFrame 对象 fr 就是一个窗口对象，生成该类对象后，通过该对象的各种 set 成员方法可对该窗口的属性进行设置，最后通过窗口显示出来。JFrame 的部分 set 方法如下：

① setTitle：设置标题；
② setSize：设置大小；
③ setLocation：设置位置；
④ setLayout：设置布局管理器；
⑤ setResizable：设置窗口大小是否可以改变；
⑥ setDefaultCloseOperation：设置关闭窗口时要进行的操作；
⑦ setVisible：设置窗口是否可见。

(2) 在设置位置和大小的时候，使用的单位是像素，屏幕左上角的 XY 坐标为(0,0)，从左向右 X 坐标增加，从上向下 Y 坐标增加，如图 11-7 所示。

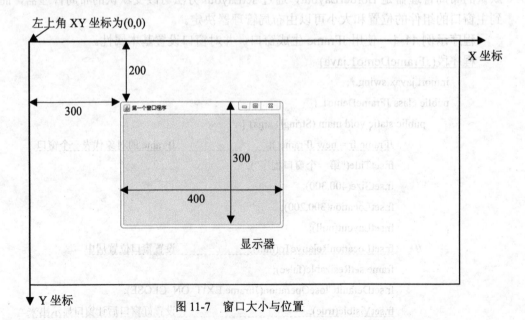

图 11-7 窗口大小与位置

(3) setLayout 用于设置窗口的布局管理器，该函数的参数为布局管理器对象，用以对窗口容器进行布局，现在暂时不用布局管理器，故设置为空 null。

(4) "setDefaultCloseOperation(JFrame.EXIT_ON_CLOSE);"用于设置何时进行关闭窗口(点击窗口右上角的关闭按钮)的操作。望文生义，JFrame.EXIT_ON_CLOSE 是在关闭窗口时退出程序，EXIT_ON_CLOSE 是 JFrame 的字段。

(5) 程序运行到 "fr.setVisible(true);"语句时，窗口就在屏幕上显示出来。

上面程序是在 main 函数中直接产生一个 JFrame 的对象，然后对该对象进行设置，最后显示出窗口，还可以使用继承的结构方式来生成窗口。

程序示例 11-2　使用继承 JFrame 方式生成窗口程序。

程序段(JFrameDemo2.java)

```
import javax.swing.*;
public class JFrameDemo2 extends JFrame{            使用继承的形式
    public JFrameDemo2(){                            在构造函数中对窗口进行设置
        super("第一个窗口程序");
        this.setSize(400,300);                       注意 this 的用法
        this.setLayout(null);
        this.setLocationRelativeTo(null);
        this.setResizable(false);
        this.setDefaultCloseOperation(JFrame.EXIT_ON_CLOSE);
        this.setVisible(true);
    }
    public static void main (String[] args) {
        new JFrameDemo2();                           生成该类对象就可以看到窗口
    }
}
```

程序分析：

(1) 该程序与上述 JFrameDemo1 程序的运行结果一致，但是结构不同。JFrameDemo2 继承 JFrame，按继承观点，该类就是 "is" 窗口类，该类的对象就是窗口对象，我们在该类的构造函数中使用 this 对窗口属性进行设置，这种方式也是窗口程序设计较为常见的结构。

(2) this 代表了该类将要产生的对象的引用句柄。

(3) "super("第一个窗口程序");"用于调用 JFrame 类中带 String 参数的构造函数，将该字符串设置为窗口的标题 title 字符。

JFrame 其它的一些常用方法如表 11-1 所示。

JFrame 关闭窗口的字段如表 11-2 所示。

表 11-1　JFrame 常用方法

方　法	说　明
public Container getContentPane()	返回窗口的内容面板，可以对该面板进行设置背景色、添加其它窗口组件等操作
public void setDefaultCloseOption(int operation)	单击窗口右上角关闭按钮时的处理方式，取值定义在 WindowConstants 接口，而 JFrame 实现了该接口，取值说明详见表 11-2
public void setIconImage(Image image)	设置窗口标题栏的图标
public void setJMenuBar(JMenuBar menuBar)	设置窗口的菜单栏

表 11-2　窗口关闭按钮处理方式

字　段	说　明
JFrame.DO_NOTHING_ON_CLOSE	关闭窗口时不执行任何操作
JFrame.HIDE_ON_CLOSE	隐藏窗口
JFrame.DISPOSE_ON_CLOSE	隐藏并释放窗口占用的资源
JFrame.EXIT_ON_CLOSE	结束程序运行，相当于 system.exit(0)

11.5　常用窗口组件

11.5.1　标签

在窗口中需要显示文字或者图像图片时，首先使用 JLabel(javax.swing.JLabel)标签对象来承载文字和图像，然后将 JLabel 标签添加到窗口容器中。

1. JLabel 的构造函数

可以通过不同的构造函数来让 JLabel 承载文本和图像，JLabel 的构造函数如表 11-3 所示。

表 11-3　JLabel 的构造函数

构造函数	说　明
public JLabel()	创建无图像并且其标题为空字符串的 JLabel
public JLabel(String text)	创建具有指定文本的 JLabel 实例
public JLabel(Icon image)	创建具有指定图像的 JLabel 实例
public JLabel(String text, Icon icon, int horizontalAlignment)	创建具有指定文本、图像和水平对齐方式的 JLabel 实例

从上述构造函数可以看出，JLabel 对象可以承载文本和图像。

2. JLabel 的常用方法

JLable 的常用方法如表 11-4 所示。JLabel 可用的方法除 JLabel 类本身定义的方法之外，和 Swing 包中的组件一样，还有从其父类 JComponent、父类的父类 Container 继承过来的方法。

第十一章 图形界面设计

表 11-4 JLabel 的常用方法

成员方法	说　　明
public void setText(String text)	将标签上的文字设置为 text
public String getText()	返回标签上显示的文字
public void setIcon(Icon icon)	设置标签上显示的图标为 icon
public Icon getIcon(Icon icon)	返回标签上显示的图形图像
public void setFont(Fontfont)	设置字体(来自于父类 JComponent)
public void setForeground(Colorfg)	设置前景色(来自于父类 JComponent，标签上文字的颜色)

程序示例 11-3 在窗口中加入一个 JLabel 组件。
程序段(AddJLabel1.java)

```
import javax.swing.*;
public class AddJLabel1 extends JFrame{
    JLabel label = new JLabel("我是一个标签");         文字标签作为窗口类的成员
    public AddJLabel1(){
        super("添加 label");
        this.setSize(400,200);
//      this.setLayout(null);                        不设置为空，表示要使用默认的布局管理器
        this.setLocationRelativeTo(null);
        this.setResizable(false);
        this.setDefaultCloseOperation(JFrame.EXIT_ON_CLOSE);
        this.add(label);                             将 label 组件加入到窗口中
        this.setVisible(true);
    }
    public static void main (String[] args) {
        new AddJLabel1();
    }
}
```

程序结果：

程序分析：
(1) 要将一个组件加入到窗口容器中，首先要生成该组件，对组件的属性进行设置，然后使用容器的 add 方法将组件加入到容器对象中。

(2) 组件加入到窗口的什么位置？在窗口中是怎么表现的？这些问题涉及容器的布局问题，即如何对容器中的组件进行布局。本程序中将"this.setLayout(null);"语句注释掉了，窗口就使用默认的布局管理器来管理加入到窗口中的组件，这样就不需要对组件设置大小和位置，所以程序运行后"我是一个标签"的文本跑到了窗口中部。(注：容器的布局管理在11.6 节进行详细说明。)

11.5.2 字体、颜色与图像

1. 字体(java.awt.Font)

要对窗口组件的文字设置字体，可以使用 java.awt.Font 类，一般需要两个步骤：
(1) 创建字体对象：
　　Font font = new Font("字体名", 字体样式, 字体大小);
(2) 让字体对象与组件进行"绑定"：
　　组件对象.setFont(font);

首先，生成字体对象，上述 Font 构造函数需要三个参数：
① 字体名：字体名和计算机系统中的字体文件相对应，字体文件一般存放在 C 盘的 Windows 目录的 font 目录中。
② 字体样式：使用 Font 字段的方式来表示，即 Font.PLAIN(普通样式)、Font.BOLD(字体加粗)、Font.ITALIC(倾斜)等。
③ 字体大小：使用字体磅值来表示。

其次，对于能够承载文字的组件使用 setFont 方法，将 Font 对象传入该方法即可根据字体对象的设置改变组件上的文字字体：
　　组件对象.setFont(字体对象);

2. 颜色(java.awt.Color)

对组件颜色的设置主要使用 java.awt.Color 类，在程序中颜色的表示主要有两种方式：
(1) 直接使用 Color 类调用其静态成员字段来表示某种颜色，例如 Color.Red(红色)、Color.Blue(蓝色)、Color.DARK_GRAY(深灰)、Color.LightGray(浅灰)，具体 Color 类还有哪些预定义的颜色，可以查询 JDK 帮助文档，这里不再赘述。
(2) 定义一个 Color 对象，对该对象的颜色属性进行设置。Color 类用得比较多的是具有三个 int 参数的构造函数，这三个 int 参数取值为 0~255，表示 RGB 颜色数值，即红、绿、蓝，可根据这三种颜色数值的变化来表示各种颜色。例如 new Color(0,0,0)表示黑色，new Color(255,255,255)表示白色，new Color(255,0,0)表示红色，new Color(255,255,0)表示黄色，new Color(128,42,42)表示棕色等。

对一个组件设置颜色，一般可以设置组件的背景色与前景色：
　　组件名.setForeground(Color.颜色名)
　　组件名.setBackground(Color.对象)

3. 图像图标(javax.swing.ImageIcon)

如果要将磁盘上的图像文件显示到窗口中，可以使用 javax.swing.ImageIcon 图像图标

类生成对象,然后将该对象设置到 JLabel 中,再将 JLabel 对象加入到窗口中,具体分为下面几个步骤:

(1) 根据磁盘图像文件名生成图像图标类对象:

ImageIcon imageIcon = new ImageIcon("star.png");

(2) 将图像图标对象设置到 JLabel 对象中:

JLabel label1 = new JLabel(imageIcon);   //使用构造函数方式
label1.setIcon(imageIcon);   //使用 set 方法

(3) 将上述设置好的 JLabel 对象添加到窗口中。

4. 图像(java.awt.Image)

在 java.awt 下还有一个 Image 抽象类,它是表示图形图像所有类的超类。生成 Image 对象时需要借助于 Toolkit 类对象的 getImage 方法,而生成 Toolkit 对象有两种方法,一是借助于 Component 类的 getToolkit()方法;二是借助于 Toolkit 的静态方法 getDefaultToolkit()。所以生成 Image 对象的程序语句为

Image image = getToolkit().getImage("a.png");

和

Image image = new Toolkit.getDefaultToolkit().getImage("a.png");

一般情况下使用 ImageIcon 对象来表示磁盘上的图像文件,而 Image 可以对图像进行加工(比如调节大小、使图像变灰等等)。另外,有些组件设置图像时需要用到 Image 的对象,如窗口的窗口图标设置就需要用到 Image 的对象,而不是 ImageIcon 对象,所以具体组件在使用图像文件时,请注意查询一下 Java API 帮助文档确定是用的哪个类对象。

11.5.3 面板

JPanel(javax.swing.JPanel)称为面板,是一种没有标题栏、边框的中间层容器,可以理解为一层透明的"纸"。将组件或其它面板先加入到 JPanel 中,然后再将 JPanel 放置到顶级容器 JFrame 或者其它容器中,这样可以完成较为复杂的窗口界面设计,其主要方法如表 11-5 所示。

表 11-5 JPanel 常用方法

方　　法	说　　明
public setForeground(Color color)	设置面板的前景颜色
public setBackground(Color color)	设置面板的背景颜色
public Component add(Component comp)	将指定组件加入到面板中
public void setBorder(Border border)	设置面板的边框
public void setLayout(LayoutManager mgr)	设置面板的布局管理器
public void setOpaque(Boolean isOpaque)	设置组件是否透明:isOpaque 为 true 时透明,否则不透明

程序示例 11-4 在窗口中加入面板、标签,并使用到字体、颜色、图像等对象。

程序段(JLabelDemo1.java)

import javax.swing.*;

```java
import java.awt.Image;
import java.awt.Font;
import java.awt.Color;
public class JLabelDemo1 extends JFrame {
    Image titleIcon = getToolkit().getImage("star.png");           生成图像对象成员
    Font font = new Font("STXIHEI.TTF", Font.ITALIC + Font.BOLD, 18);   生成字体对象成员
    Color color = new Color(0,0,255);                              生成颜色对象成员
    public JLabelDemo1() {
        super("窗口加入标签组件");
        this.setSize(400, 300);
        this.setLocationRelativeTo(null);
        this.setResizable(false);
        this.setDefaultCloseOperation(JFrame.EXIT_ON_CLOSE);
        this.setIconImage(titleIcon);                              对窗口设置标题图标
        this.addJLabel();                                          调用私有成员方法
        this.setVisible(true);
    }
    private void addJLabel() {
        JPanel panel = new JPanel();
        panel.setBackground(Color.YELLOW);                         设置面板的背景色
        ImageIcon imageIcon = new ImageIcon("star.png");           生成图像图标对象
        JLabel label1 = new JLabel();
        label1.setIcon(imageIcon);                                 标签1承载图像
        panel.add(label1);                                         将图像标签加入面板
        String s = "<html><center>JLabel 文本 123<br>你好 Java</center></html>";
        JLabel label2 = new JLabel(s);                             标签2承载文字
        label2.setFont(font);                                      设置标签的字体
        label2.setForeground(color);                               设置前景色(字体为蓝色)
        panel.add(label2);
        this.add(panel);                                           将面板加入到窗口中
    }
    public static void main(String[] args) {
        new JLabelDemo1();
    }
}
```

程序结果：

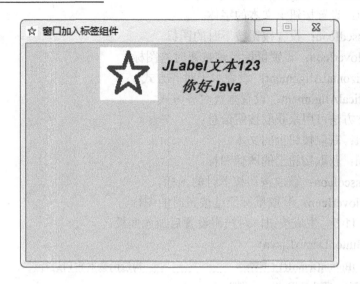

程序分析：

(1) JLabelDemo1 继承 JFrame 类，我们将 Image、Font、Color 三个类对象作为该类的对象成员，直接进行初始化。窗口中的其它组件也可以按照这种方式设置为该类的对象成员。

(2) 该类构造函数是对窗口的设置和初始化，对于要加入窗口中的面板 JPanel 的初始化和设置则放到私有方法 addJLabel()中，这样能够避免构造函数代码过多。

(3) 在 addJLabel()方法中生成了一个图像标签 label1、一个文字标签 label2，对这两个标签设置后加入到 JPanel 面板对象中，再将这个面板对象加入到窗口中。

(4) JLabel 标签支持带 html 格式的文本("<html> JLabel 文本 123
你好Java </html>")，能够让需要显示的文本具有一定的格式(如居中、换行等)。

(5) 将组件加入到 JPanel 面板中，再将设置好的面板加入到 JFrame 中，这是进行窗口界面设计的一种常用的程序结构。为什么面板中放置的图像标签和文本标签会是这样的排版布局？能否进行调整？这部分内容将在后面 11.6 节的布局管理中进行介绍。

11.5.4 按钮

1. 命令按钮

JButton(javax.swing.JButton)命令按钮是用户进行交互最为常用的组件之一，用户可以使用鼠标点击来完成交互动作。与 JLabel 组件类似，可以对 JButton 按钮对象进行各种设置，并加入到容器中。下面是对按钮进行设置的部分方法：

① setText：设置文本。
② setIcon：设置按钮图像。
③ setBackground：设置背景色。
④ setForeground：设置前景色(如：按钮上文本的颜色)。

⑤ setBounds：设置按钮的位置与大小。
⑥ setFont：设置按钮上文本的字体。
⑦ setPressedIcon：设置按钮按下时的图标。
⑧ setRolloverIcon：设置鼠标经过按钮时的图标。
⑨ setHorizontalAlignment：设置水平对齐方式。
⑩ setVerticalAlignment：设置垂直对齐方式。

另外，get 方法可用来获取按钮信息：
① getText：获取按钮上的文本。
② getIcon：获取按钮上的图像图标。
③ getPressedIcon：获取按钮按下时的图标。
④ getRolloverIcon：获取鼠标经过按钮时的图标。

程序示例 11-5　生成按钮，对按钮设置后加入面板。

程序段(JButtonDemo1.java)

```
    public JButtonDemo1() {                        构造函数对窗口进行设置
        this.setTitle("JButton 示例");
        this.setAlwaysOnTop(true);
        this.setSize(400, 200);
        this.setLocationRelativeTo(null);
        this.setResizable(false);
        this.setDefaultCloseOperation(JFrame.EXIT_ON_CLOSE);
        this.addButton();                          构建面板并加入窗口
        this.setVisible(true);
    }
    private void addButton() {
        JPanel panel = new JPanel();
        JButton b1 = new JButton("文字按钮");
        JButton b2 = new JButton("图片按钮");
        ImageIcon icon1 = new ImageIcon("star2.png");
        ImageIcon icon2 = new ImageIcon("star3.png");
        b2.setIcon(icon1);                         对按钮设置图像图标
        b2.setBackground(Color.GRAY);              对按钮设置背景色
        b2.setForeground(Color.YELLOW);            对按钮设置前景色
        b2.setPressedIcon(icon2);                  对按钮设置按下时的图标
        panel.add(b1);
        panel.add(b2);                             将按钮加入到面板中
        this.add(panel);
    }
    public static void main(String[] args) {
        new JButtonDemo1 ();
    }
```

程序结果：

程序分析：

(1) JButton 类封装了命令按钮的特征，例如鼠标经过、按下按钮时，按钮会发生一些变化，Swing 命令按钮默认是蓝白色渐变的样式。

(2) 上述程序没有对按钮进行大小和位置的设置，按钮的大小和位置与设置的文本、图片以及容器的布局管理器有关。

(3) 第二个按钮设置前景色为黄色(文本颜色)，背景色为灰色，并对按钮设置了一个图标图像，由于按钮图标有些大，所以按钮也跟着变大了。

(4) 现在的命令按钮是能够点击并看到点击效果的，但是点击后并没有看到改变，这是因为还没有给按钮添加事件处理(该内容将在最后一章学习)。

2．复选框和单选按钮

复选框(多选按钮)和单选按钮用于让用户选取指定的项目，通过鼠标单击操作可设置组件的状态是"选中"还是"未选中"。

(1) 复选框(javax.swing.JCheckBox)：可以单独使用，表示多个项目是否被选择，如多项选择题的多选答案。

(2) 单选按钮(javax.swing.JRadioButton)：一般需要配合 javax.swing.ButtonGroup 类来使用，将多个单选按钮放在一个按钮组里，从而实现多个单选项只能选择一个，如选择题中的四选一答案。

程序示例 11-6 多选按钮与单选按钮组件的生成和设置。

程序段(JCheckBoxJRadioButtonDemo1.java)

```
JPanel panel1 = new JPanel();                    b1、b2 按钮将放入面板 1
JRadioButton b1 = new JRadioButton("男",true);
JRadioButton b2 = new JRadioButton("女");
JPanel panel2 = new JPanel();                    b3、b4 按钮将放入面板 2
JRadioButton b3 = new JRadioButton("男",true);
JRadioButton b4 = new JRadioButton("女");
JPanel panel3 = new JPanel();                    复选按钮将放入面板 3
JCheckBox cbBasketBall = new JCheckBox("篮球");
JCheckBox cbFootBall = new JCheckBox("足球");
JCheckBox cbTableTennis = new JCheckBox("乒乓球");
JCheckBox cbBadminton = new JCheckBox("羽毛球");

public JCheckBoxJRadioButtonDemo1() {            构造函数是对窗口的设置
```

```java
        this.setTitle("单选按钮/复选按钮");
        this.setAlwaysOnTop(true);
        this.setSize(400, 200);
        this.setLocationRelativeTo(null);
        this.setResizable(false);
        this.setDefaultCloseOperation(JFrame.EXIT_ON_CLOSE);
        this.addButtons();                            //调用私有方法将面板加入窗口
        this.setVisible(true);
    }
    private void addButtons() {
        panel1.setBorder(BorderFactory.createTitledBorder("性别(未使用 ButtonGroup)"));
        panel1.add(b1);                               //设置面板的标题式边界线
        panel1.add(b2);
        this.add(panel1,BorderLayout.NORTH);
        ButtonGroup bg = new ButtonGroup();
        bg.add(b3);
        bg.add(b4);                                   //将 b3、b4 按钮加入按钮组实现单选
        panel2.setBorder(BorderFactory.createTitledBorder("性别(使用 ButtonGroup)"));
        panel2.add(b3);
        panel2.add(b4);
        this.add(panel2,BorderLayout.CENTER);
        panel3.add(cbBasketBall);
        panel3.add(cbFootBall);
        panel3.add(cbTableTennis);
        panel3.add(cbBadminton);                      //将多个复选按钮加入面板 3
        panel3.setBorder(BorderFactory.createTitledBorder("复选按钮-爱好"));
        this.add(panel3,BorderLayout.SOUTH);
    }
    public static void main(String[] args) {
        new JCheckBoxJRadioButtonDemo1();
    }
}
```

程序结果：

程序分析：
(1) 在上述窗口类中，所有的窗口组件均作为窗口类的对象成员，直接进行初始化。
(2) 从程序结果和代码可以看出该窗口使用了 3 个面板，每个面板设置了标题边界线，并将相应的按钮组件加入到了面板中，面板加入到了窗口中。
(3) 面板加入窗口时使用了边界布局管理器，使得可以将三个面板分别放置在面板的北(上部)、中部和南(下部)：

  this.add(panel1,BorderLayout.NORTH);
  this.add(panel2,BorderLayout.CENTER);
  this.add(panel3,BorderLayout.SOUTH);   (注：这部分内容将在 11.6 节具体讲解)

(4) 一组单选按钮需要先加入到 ButtonGroup 对象中，然后这些按钮加入到面板中才会形成单选互斥的操作。

11.5.5 文本组件

在图形界面中，文本框是用户输入文本信息的组件。在 Swing 组件中，文本框包括以下三类：
(1) 单行文本框(javax.swing.JTextField)：只能输入单行文本字符串。
(2) 多行文本框(javax.swing.JTextArea)：可以输入多行文本字符串。
(3) 密码框(javax.swing.JPasswordField)：可输入单行文本，输入的字符串会被其它字符屏蔽(如*)。

程序示例 11-7 单行文本、多行文本、密码框的文本组件使用。

程序段(TextDemo1.java)

```
    JPanel panel1 = new JPanel();                    面板 1 输入用户名
    JLabel l1 = new JLabel("用户名");
    JTextField t1 = new JTextField(15);
    JPanel panel2 = new JPanel();                    面板 2 输入密码
    JLabel l2 = new JLabel("密码");
    JPasswordField t2 = new JPasswordField(15);
    JPanel panel3 = new JPanel();                    面板 3 输入说明
    JLabel l3 = new JLabel("说明");
    JTextArea t3 = new JTextArea(4,15);
    public TextDemo1 () {
        super("文本框示例");
        this.setAlwaysOnTop(true);
        this.setSize(300, 180);
        this.setLocationRelativeTo(null);
        this.setResizable(false);
        this.setDefaultCloseOperation(JFrame.EXIT_ON_CLOSE);
        this.addTexts();
```

·190·　Java 程序设计基础

```
            this.setVisible(true);
        }
        private void addTexts() {
            panel1.add(l1);
            panel1.add(t1);
            this.add(panel1,BorderLayout.NORTH);
            panel2.add(l2);
            panel2.add(t2);
            this.add(panel2,BorderLayout.CENTER);
            panel3.add(l3);
            panel3.add(t3);
            this.add(panel3,BorderLayout.SOUTH);
        }
        public static void main(String[] args) {
            new TextDemo1();
        }
    }
```

程序结果：

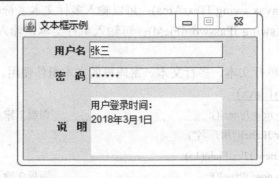

程序分析：

(1) 可以模仿上一个单选/复选按钮的程序结构，将这些面板和文本框作为类的成员对象，然后在 addTexts()方法中将文本框加入面板，将三个面板分别加入窗口的上、中、下三个位置。

(2) 在构造文本框的时候，对于单行文本框，可以在构造函数中输入字符个数，该个数代表了该文本框在容器中的显示长度；对于多行文本框，可以在构造函数中输入行数和列字符数，以确定文本框的大小。如：

　　　　JTextField t1 = new JTextField(15);　　　　　　//15 字符长度
　　　　JPasswordField t2 = new JPasswordField(15);　　//15 字符长度
　　　　JTextArea t3 = new JTextArea(4,15);　　　　　　//4 行 15 字符

(3) JTextField、JTextArea 两个类都继承自 javax.swing.text.JTextComponent 类，而 JPasswordField 类继承自 JTextField 类，它们的常用方法如表 11-6、表 11-7 所示。

第十一章 图形界面设计

表 11-6　JTextComponent 类的常用方法

方　法	说　明
public void setText(String t)	设置组件中的文本为 t
public String getText()	返回组件中所包含的所有文本
public String getText(int offs,int len)	返回文本组件中位置为 offs、长度为 len 的文本
public void select(int selectionStart,int selectionEnd)	选中位置为 selectionStart 与 selectionEnd 之间的文本
public void selectAll()	选中文本组件中的所有文本
public String getSelectedText()	返回文本组件中被选中的文本
public void setEditable(Boolean b)	设置组件是否可编辑

表 11-7　JPasswordField 类的常用方法

方　法	说　明
public char getEchoChar()	返回回显的字符。默认值为 "*"
public void setEchoChar(char ch)	设置密码文本行组件的回显字符
public char[] getPassword()	返回密码文本行组件中所包含的文本

11.5.6　下拉列表

JComboBox(javax.swing.JComboBox)类是 Swing 中的下拉菜单组件，使用它能选中其下拉列表中的一个项目 Item，它的各个选项的选择是互斥的，比单选按钮节省空间。可以使用 addItem 方法来添加选项，或者使用 insertItemAt 在指定位置插入选项。如果使用该类对象的 setEditable 方法设置为 true，则下拉菜单的选项文本就可以编辑，这种组件也被称为组合框。

程序示例 11-8　下拉列表组件的创建与设置。

程序段(JComboBoxDemo1.java)

```
import javax.swing.*;
public class JComboBoxDemo1 extends JFrame{
    JComboBox comboBox;
    JPanel panel = new JPanel();
    JLabel label = new JLabel("学历选择:");          三个组件作为窗口类的成员变量
    public JComboBoxDemo1() {
        this.setTitle("JButton 示例");
        this.setAlwaysOnTop(true);
        this.setSize(400, 200);
        this.setLocationRelativeTo(null);
        this.setResizable(false);
        this.setDefaultCloseOperation(JFrame.EXIT_ON_CLOSE);
        this.addComboBox();
        this.setVisible(true);
```

```
        }
    @SuppressWarnings("unchecked")
    private void addComboBox() {
        String[] education = {"博士","硕士","本科","专科"};
        comboBox = new JComboBox(education);           //使用字符串数组构造组件对象
        comboBox.insertItemAt("请选择",0);              //在最开始插入"请选择"
        comboBox.addItem("其它");                      //在最后添加"其它"
        comboBox.insertItemAt("中学",5);               //在专科之后插入中学选项
        comboBox.setSelectedIndex(0);                 //设置默认被选择项目
        panel.add(label);
        panel.add(comboBox);
        this.add(panel);
    }
    public static void main(String[] args) {
        new JComboBoxDemo1();
    }
}
```

程序结果：

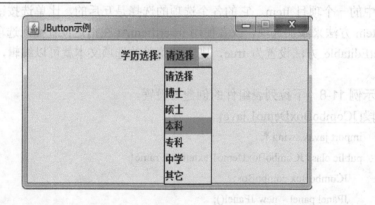

程序分析：

（1）JComboBox 的构造函数可以接受 Object[] items 作为参数创建包含该数组元素的 JComboBox 对象。从向上转型可知，String[]字符串数组可以作为该构造函数的参数，使得该下拉列表按数组元素顺序具有四个下拉选项，但是在编译时会出现下列警告：

注：(1) D:\JavaCode\JComboBoxDemo1.java 使用了未经检查或不安全的操作。

(2) 有关详细信息，请使用 -Xlint:unchecked 重新编译。

这个并不影响编译运行，可以在 addComboBox()函数头部加上一条注释消除该警告：@SuppressWarnings("unchecked")。

（2）可以使用 insertItemAt 较为方便地插入项目，也可以使用 addItem 在最后添加新的项目。

11.5.7 菜单

窗口程序一般都会有菜单工具为用户的操作提供导航,方便用户利用菜单提供的选项来完成相应的功能。菜单主要分为两类,即窗口菜单和弹出菜单。下面将介绍一般的窗口菜单。

Java语言中的菜单组件主要由菜单栏 (javax.swing.JMenuBar)、菜单(javax.swing.JMenu)和菜单项(javax.swing.JMenuItem)三部分组成。窗口具有一个菜单栏JMenuBar,菜单栏具有多个菜单JMenu,每个菜单可以有多个菜单项JMenuItem。

程序示例11-9 窗口菜单的设计。

程序段(JMenuDemo1.java)

```java
import javax.swing.*;
public class JMenuDemo1 extends JFrame{
    JMenuBar menubar = new JMenuBar();
    public JMenuDemo1() {
        this.setTitle("菜单示例");
        this.setAlwaysOnTop(true);
        this.setSize(400, 300);
        this.setLocationRelativeTo(null);
        this.setResizable(false);
        this.setDefaultCloseOperation(JFrame.EXIT_ON_CLOSE);
        this.addMenu();
        this.setVisible(true);
    }
    private void addMenu() {
        JMenu file = new JMenu("文件");                              文件菜单
        JMenuItem newFile = new JMenuItem("新建");
        JMenuItem saveFile = new JMenuItem("保存");
        JMenuItem saveAnOther = new JMenuItem("另存为");
        JMenuItem exitFile = new JMenuItem("退出");                  文件菜单项
        file.add(newFile);
        file.add(saveFile);                                          菜单项加入菜单
        file.add(saveAnOther);
        file.add(exitFile);
        menubar.add(file);                                           将文件菜单加入菜单栏

        JMenu edit = new JMenu("编辑");                              编辑菜单
        JMenuItem copy = new JMenuItem("复制");
        JMenuItem cut = new JMenuItem("剪切");
        JMenuItem paste = new JMenuItem("粘贴");
```

```
            JMenuItem delete = new JMenuItem("删除");
            edit.add(copy);
            edit.add(cut);
            edit.add(paste);
            edit.add(delete);
            menubar.add(edit);
            JMenu help = new JMenu("帮助");              帮助菜单
            JMenuItem softHelp = new JMenuItem("软件帮助");
            JMenuItem softInfo = new JMenuItem("软件信息");
            help.add(softHelp);
            help.add(softInfo);
            menubar.add(help);
            this.setJMenuBar(menubar);                  对窗口设置菜单栏
    }
    public static void main(String[] args) {
            new JMenuDemo1();
    }
}
```

程序结果：

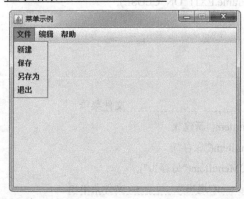 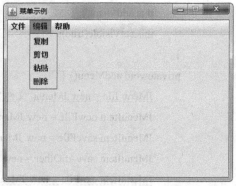

程序分析：

(1) 程序中对窗口设置菜单栏，在菜单栏中有三个菜单，即文件、编辑和帮助，每个菜单下面又有自己的菜单项。

(2) 在窗口设计中，还有许多细节操作，比如二级菜单、菜单项的快捷键操作等，在此就不再详细阐述。

11.6 布局管理

布局管理指的是如何对容器中的组件进行布局和排版，即容器中的组件怎么设置大小、位置和表现形式等，从而让容器中的布局达到预期的目的。

Java 中的布局管理主要有两种：

(1) 绝对布局：不需要布局管理器，直接对每个组件设置位置和大小，然后将组件加入到相应的容器中。

(2) 布局管理器(Layout)：采用 Java 定义好的布局管理器类来对容器中组件进行布局管理，主要有流式布局管理器(FlowLayout)、边界布局管理器(BorderLayout)、网格布局管理器(GridLayout)、网格包布局管理器(GridbagLayout)和盒子布局管理器(BoxLayout)等。

11.6.1 绝对布局

绝对布局是指容器中的所有组件的大小和位置都是相对容器的 X、Y 坐标进行设置，也就是说每个组件都要设置大小、位置，而当窗口被拉伸时，这些组件的大小和位置不会变化。绝对布局方式适合于较小的窗口界面，并且窗口大小一般设置为不可改变，比如一个小的登录界面等，但其缺点也是比较明显的：

(1) 每个组件都需要进行大小和位置的设置，编程量较大，效率低，容易出错。

(2) 随着窗口的拉伸，窗口中组件的位置不随着变化。

对容器进行绝对布局的主要思路是：

(1) 将容器的布局管理器设置为空：

  容器.setLayout(null);

(2) 对于每个组件设置大小和位置：

  组件.setBounds(x, y, width, height);

其中，x、y 为组件左上角在容器中的坐标，width、height 为组件的宽和高。

程序示例 11-10 使用绝对定位的方式来完成一个简单的登录窗口。

程序段(AbsoluteLayout1.java)

  JLabel label = new JLabel("请输入您的登录信息:"); 组件作为窗口类的对象成员

  JLabel l1 = new JLabel("用户名:");

  JTextField t1 = new JTextField(15);

  JLabel l2 = new JLabel("密码:");

  JPasswordField t2 = new JPasswordField(15);

  JButton b1 = new JButton("确 定");

  JButton b2 = new JButton("取消");

  public AbsoluteLayout1() { 构造函数对窗口设置

    super("绝对布局示例");

    this.setAlwaysOnTop(true);

    this.setSize(240, 180);

    this.setLocationRelativeTo(null);

    this.setResizable(false);

    this.setLayout(null); 取消窗口的默认布局管理器

    this.setDefaultCloseOperation(JFrame.EXIT_ON_CLOSE);

```
            this.addTexts();
            this.setVisible(true);
        }
        private void addTexts() {
            label.setBounds(20,10,150,30);
            this.add(label);
            l1.setBounds(40,40,50,30);
            this.add(l1);
            t1.setBounds(90,40,100,25);              //每个组件都要设置 4 个值
            this.add(t1);                            //设置好就将组件加入到窗口中
            l2.setBounds(40,70,50,30);
            this.add(l2);
            t2.setBounds(90,70,100,25);
            this.add(t2);
            b1.setBounds(30,110,80,25);
            this.add(b1);
            b2.setBounds(130,110,80,25);
            this.add(b2);
        }
        public static void main (String[] args) {
            new AbsoluteLayout1();
        }
    }
```

程序结果：

程序分析：

(1) 本程序是采用绝对布局方式将窗口组件加入到 JFrame 窗口中的，首先是取消窗口的布局管理器(this.setLayout(null);)(注：每个容器都有默认的布局管理器)，然后对每个组件进行定位和设置大小。

(2) 使用 setBounds 方法对窗口中的每个组件都设置 4 个参数，即组件左上角的 x、y 坐标，组件的宽 width 和高 hight。如第一个组件的设置(label.setBounds(20,10,150,30);)，该组件左上角位置的 x、y 坐标为(20,10)，组件宽 150、高 30，单位为像素。

(3) 读者可以将窗口是否可以改变大小设置为 true，即"this.setResizable(true);"，然后拉伸窗口，观察窗口组件的变化。

11.6.2 流式布局管理器

如果使用绝对布局的方式来设置窗口组件的布局，当组件比较多、布局比较复杂时，编程会比较麻烦，也很难维护，经常会出现一个组件位置或大小的变化影响到整个布局且很难调整的情况。为了使生成的图形用户界面具有平台无关性，Java 使用布局管理器类来管理组件在容器中的布局，目的是在相应的布局规则下减少程序员的编程量，不需要对每个组件设置大小和位置，易于维护。

1．FlowLayout(java.awt.FlowLayout)类的布局描述

(1) 某个 java 容器使用流式布局管理器，表示向容器中加入的组件将从左向右、从上到下自动排列，碰到容器边界就转到下一行继续排列。

(2) 组件不需要设置大小，组件的大小由组件本身决定，例如 JLabel、JButton 组件承载的文字多少和图像大小决定其组件大小。

(3) 当容器被拉伸时，容器中的组件按照 FlowLayout 的布局规则自动调整位置。

(4) 使用 FlowLayout 作为默认布局管理器的容器为 JPanel 和 JApplet 两个中间容器。

2．FlowLayout 方法说明

该类的常用方法如表 11-8 所示。

表 11-8　FlowLayout 的常用方法

名　称	说　明
void setAlignment(int align)	设置此布局的对齐方式(具体设置如下面第 3 点所示)
int getHgap()	返回组件之间以及组件与容器边界之间的水平间距
int getVgap()	返回组件之间以及组件与容器边界之间的垂直间距
void setHgap(int hgap)	设置组件之间以及组件与容器边界之间的水平间距
void setVgap(int vgap)	设置组件之间以及组件与容器边界之间的垂直间距

3．FlowLayout 的对齐属性

(1) 0 或 FlowLayout.LEFT：控件左对齐。

(2) 1 或 FlowLayout.CENTER：居中对齐。

(3) 2 或 FlowLayout.RIGHT：右对齐。

(4) 3 或 FlowLayout.LEADING：控件与容器方向开始边对应。

(5) 4 或 FlowLayout.TRAILING：控件与容器方向结束边对应。

(6) 如果是 01234 之外的整数：左对齐。

4．FlowLayout 的应用

程序示例 11-11　使用 FlowLayout 对容器中的组件进行布局。

程序段(FlowLayoutDemo1.java)

```java
import javax.swing.*;
import java.awt.FlowLayout;
public class FlowLayoutDemo1 extends JFrame {
    JButton[] buttons;                               //按钮数组将加入到容器中
    public FlowLayoutDemo1() {
        super("流式布局管理器");
        this.setAlwaysOnTop(true);
        this.setSize(300, 200);
        this.setLocationRelativeTo(null);
        this.setResizable(true);                     //窗口可以改变大小
        this.setDefaultCloseOperation(JFrame.EXIT_ON_CLOSE);
        this.addButtons();
        this.setVisible(true);
    }
    private void addButtons(){
        FlowLayout fl = new FlowLayout(FlowLayout.CENTER,20,10);
        this.setLayout(fl);                          //对窗口设置流式布局管理
        buttons = new JButton[8];
        for (int i = 0; i<buttons.length; i++) {
            buttons[i] = new JButton("按钮" + (i+1));  //初始化数组中每个按钮
            this.add(buttons[i]);                    //将按钮加入到窗口中
        }
    }
    public static void main (String[] args) {
        new FlowLayoutDemo1();
    }
}
```

程序结果：

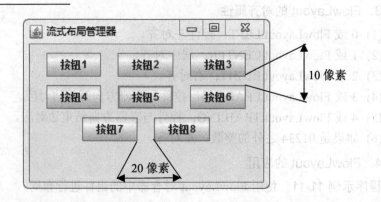

对该窗口进行拉伸可以看到下面情况：

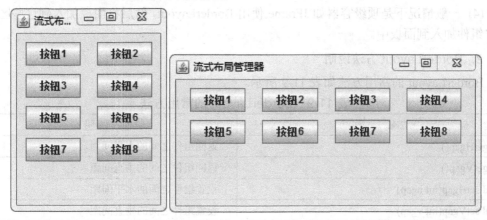

程序分析：

(1) 在 addButtons()方法中，首先生成一个流式布局管理器对象：

  FlowLayout fl = new FlowLayout(FlowLayout.CENTER,20,10);

该构造函数有 3 个参数，分别对应对齐方式(居中对齐)、水平间距(20)和垂直间距(10)。生成的 fl 对象具有上述三个布局规则，对窗口设置布局管理器 fl，然后向窗口中加入组件，这些组件就会自动按此规则进行布局。

(2) "this.setLayout(fl);"对窗口设置布局管理器对象 fl。容器一般都有 setLayout 方法，用于给容器设置布局管理器对象，使得该容器的布局由传入的布局管理器对象来进行自动管理。

(3) 在该程序中，没有对这 8 个按钮进行大小和位置的设置，全部是由窗口设置的布局管理器自动完成的。当拉伸窗口时会发现这些按钮是随着窗口大小变化而"流动"的，但是它们仍然居中对齐，从左向右排列，碰到容器边界就换行，水平和垂直间距保持不变。

(4) 从上述程序可以看出布局管理器的方便之处，但也有其局限性，如能调整的地方太少，而复杂的布局就需要配合面板以及其它布局管理器来进一步布局。

11.6.3 边界布局管理器

1．BorderLayout(java.awt.BorderLayout)布局描述

(1) 使用 BorderLayout 作为默认布局管理器的容器是顶级容器 JFrame 和 JDialog。

(2) 某个容器使用边界布局管理器时，边界布局管理器把容器内部分为五个位置，即上北(NORTH)、下南(SOUTH)、左西(WEST)、右东(EAST)、中(CENTER)，如图 11-8 所示。

(3) 该容器最多只能加入五个组件(或容器)，缺省位置为 CENTER，当组件(或容器)加入到某个位置时会自动被拉伸充满该位置。如果多个组件加入

图 11-8　边界布局的五个位置

同一个区域，就会产生覆盖效果，在该区域只能看到最后一个加入的组件。

(4) 一般情况下是顶级容器如 JFrame 使用 BorderLayout，然后将面板加入到这些区域，再将组件加入到面板中。

2. BorderLayout 方法说明

BorderLayout 的常用方法如表 11-9 所示。

表 11-9 BorderLayout 的常用方法

名 称	说 明
int getHgap()	返回组件之间的水平间距
int getVgap()	返回组件之间的垂直间距
void setHgap(int hgap)	设置组件之间的水平间距
void setVgap(int vgap)	设置组件之间的垂直间距
Object getConstraints(Component comp)	获取指定组件的约束
Component getLayoutComponent(Object constraints)	获取使用给定约束添加的组件

3. BorderLayout 的静态属性

(1) BorderLayout.CENTER：容器中央。
(2) BorderLayout.WEST：容器左边。
(3) BorderLayout.EAST：容器右边。
(4) BorderLayout.NORTH：容器顶部。
(5) BorderLayout.SOUTH：容器底部。
(6) BorderLayout.LINE_START：行方向的开始处。
(7) BorderLayout.LINE_END：行方向的结尾处。
(8) BorderLayout.PAGE_START：第一行布局内容之前。
(9) BorderLayout.PAGE_END：最后一行布局内容之后。

4. BorderLayout 的使用

程序示例 11-12 使用 BorderLayout 对容器布局进行布局管理。

程序段(BorderLayoutDemo1.java)

```
import javax.swing.*;
import java.awt.BorderLayout;
import java.awt.Color;
import java.awt.Container;
public class BorderLayoutDemo1 extends JFrame {
    JButton[] buttons;
    public BorderLayoutDemo1() {                            //窗口设置
        super("边界布局管理器");
        this.setAlwaysOnTop(true);
        this.setSize(300, 200);
        this.setLocationRelativeTo(null);
        this.setResizable(true);
```

```java
            this.setDefaultCloseOperation(JFrame.EXIT_ON_CLOSE);
            this.addButtons();
            this.setVisible(true);
        }
        private void addButtons(){
            Container contentPane = this.getContentPane();         //获取窗口的内容面板
            contentPane.setBackground(Color.CYAN);                 //内容面板设置背景色
            BorderLayout bl = new BorderLayout(10, 5);             //生成边界布局对象
            this.setLayout(bl);                                    //对窗口设置布局对象
            buttons = new JButton[5];
            for (int i = 0; i<buttons.length; i++) {
                buttons[i] = new JButton("按钮" + (i+1));
            }
            contentPane.add(BorderLayout.NORTH, buttons[0]);
            contentPane.add(BorderLayout.WEST, buttons[1]);
            contentPane.add(BorderLayout.CENTER, buttons[2]);
            contentPane.add(BorderLayout.EAST, buttons[3]);
            contentPane.add(BorderLayout.SOUTH, buttons[4]);       //将按钮加入到容器五个区域
        }
        public static void main (String[] args) {
            new BorderLayoutDemo1();
        }
    }
```

程序结果：

对该窗口进行拉伸后可以看到下面情况：

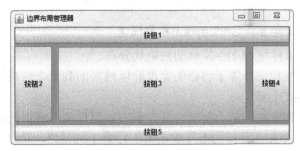

程序分析：

(1) 如果想将组件直接加入到窗口中，可以加入到窗口的内容面板中；直接对窗口设置背景色将看不到设置的颜色，而对窗口的内容面板设置背景色则可以看见。

(2) 对于使用边界布局的容器，将组件加入到容器时，需要指明加入容器的哪个区域，例如"contentPane.add(BorderLayout.NORTH, buttons[0]);"表示将 buttons[0]按钮组件加入到内容面板的北(上)部。

(3) 可以看出，将按钮加入到具有边界布局的容器的某个区域，是被拉伸充满整个容器的区域，这是边界布局的规则。一般大多是将面板放入容器，将组件放入面板(面板的默认布局是流式，不会拉伸组件)。

(4) 上述程序是将五个按钮放入五个区域，而实际编程中，可能只能放入 2 到 3 个组件。对于本程序中的以下五个语句，选择其中几个进行组合，会得到下面的程序结果。

　　　contentPane.add(BorderLayout.NORTH, buttons[0]);
　　　contentPane.add(BorderLayout.WEST, buttons[1]);
　　　contentPane.add(BorderLayout.CENTER, buttons[2]);
　　　contentPane.add(BorderLayout.EAST, buttons[3]);
　　　contentPane.add(BorderLayout.SOUTH, buttons[4]);

程序结果：

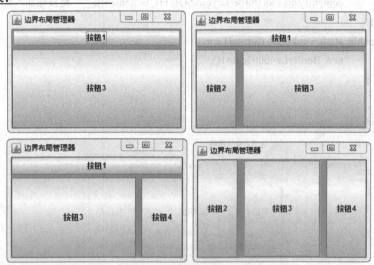

11.6.4 网格布局管理器

1. GridLayout(java.awt.GridLayout)布局描述

(1) 容器中的各组件呈 M 行×N 列的网格状分布。

(2) 网格每列宽度相同，等于容器的宽度除以网格的列数，网格每行高度相同，等于容器的高度除以网格的行数。

(3) 各组件的排列方式为从上到下、从左到右，组件放入容器的顺序决定了它在容器中的位置，如：第一个加入容器的组件放在第 1 行第 1 列网格，第二个加入的组件放在第

1行第2列网格。

(4) 容器大小改变时，组件的相对位置不变，大小跟着缩小或拉伸。

2．GridLayout 构造函数

GridLayout 类的构造函数如表 11-10 所示。

表 11-10　GridLayout 类的构造函数

函　　数	说　　明
GridLayout()	创建具有默认值的网格布局，即每个组件占据 1 行 1 列
GridLayout(int rows, int cols)	创建具有指定行数和列数的网格布局。Rows 为行数，cols 为列数
GridLayout(int rows, int cols, int hgap, int vgap)	创建具有指定行数、列数以及组件水平、纵向一定间距的网格布局

3．GridLayout 常用方法

GridLayout 的常用方法如表 11-11 所示。

表 11-11　GridLayout 的常用方法

返回值	方　　法	说　　明
int	getColumns()	获取此布局中的列数
int	getRows()	获取此布局中的行数
int	getHgap()	获取组件之间的水平间距
int	getVgap()	获取组件之间的垂直间距
void	removeLayoutComponent(Component c)	从布局移除指定组件
void	setColumns(int cols)	将此布局中的列数设置为指定值
void	setHgap(int hgap)	将组件之间的水平间距设置为指定值
void	setRows(int rows)	将此布局中的行数设置为指定值
void	setVgap(int vgap)	将组件之间的垂直间距设置为指定值

4．GridLayout 的使用

程序示例 11-13　使用 GridLayout 对容器布局进行布局管理。

程序段(GridLayoutDemo1.java)

```
import java.awt.*;
import javax.swing.*;
public class GridLayoutDemo1 extends JFrame{
    JPanel p1 = new JPanel();
    JTextField text = new JTextField(18);
    JPanel p2 = new JPanel();
    JButton[] buttons = new JButton[16];
    public GridLayoutDemo1() {
        super("网格布局管理");
```

```java
        this.setAlwaysOnTop(true);
        this.setSize(220, 200);
        this.setLocationRelativeTo(null);
        this.setResizable(false);
        this.setDefaultCloseOperation(JFrame.EXIT_ON_CLOSE);
        this.calculatorInit();
        this.setVisible(true);
    }
    private void calculatorInit(){
        text.setText("0");
        text.setEditable(false);
        text.setHorizontalAlignment(JTextField.RIGHT);
        p1.add(text);
        this.add(BorderLayout.NORTH, p1);             //第一个面板加入窗口上部
        for (int i = 0; i<buttons.length; i++) {
            buttons[i] = new JButton("" + i);
        }
        buttons[10] = new JButton("+");
        buttons[11] = new JButton("-");
        buttons[12] = new JButton("*");
        buttons[13] = new JButton("/");
        buttons[14] = new JButton(".");
        buttons[15] = new JButton("=");
        GridLayout gl = new GridLayout(4,4);          //4×4 的网格布局
        gl.setHgap(2);
        gl.setVgap(2);                                //网格之间的间距为 2 像素
        p2.setLayout(gl);
        p2.add(buttons[7]);                           //第 1 行按钮：789+
        p2.add(buttons[8]);
        p2.add(buttons[9]);
        p2.add(buttons[10]);
        p2.add(buttons[4]);                           //第 2 行按钮：456-
        p2.add(buttons[5]);
        p2.add(buttons[6]);
        p2.add(buttons[11]);
        p2.add(buttons[1]);                           //第 3 行按钮：123*
        p2.add(buttons[2]);
        p2.add(buttons[3]);
        p2.add(buttons[12]);
```

```
                p2.add(buttons[0]);                              第4行按钮：0.=/
                p2.add(buttons[14]);
                p2.add(buttons[15]);
                p2.add(buttons[13]);
                this.add(BorderLayout.CENTER, p2);               第二个面板加入窗口中部
        }
        public static void main (String[] args) {
                new GridLayoutDemo1();
        }
}
```

程序结果：

程序分析：

(1) 该程序模拟一个简易的计算器程序界面，主窗口使用 BorderLayout 布局管理器。其中，上部加入一个面板 p1，该面板中加入一个不可编辑、右对齐的 JTextField 组件；中部加入面板 p2，p2 使用网格布局 GridLayout，按界面要求依次加入 16 个按钮。

(2) "GridLayout gl = new GridLayout(4, 4);"生成网格布局管理器的时候说明容器将被分成几行几列，随后向容器添加组件时，这些组件就会从上到下、从左到右按照加入顺序自动填入网格区域。其中的两个参数可以有一个为 0，表示不受限制，如行数为 0 表示不限行数，每行放 4 个组件。

(3) 可以对布局管理器对象使用 setHgap 和 setVgap 方法来设置网格水平和垂直间距。

(4) GridLayout 对容器进行布局，只能简单地将容器划分为网格，按顺序加入组件；如果容器布局复杂一些，比如一个组件需要占用几个网格，组件在网格中的拉伸、对齐等就需要功能更强的布局管理器来处理。

11.6.5 网格包布局管理器

1. GridbagLayout(java.awt.GridbagLayout)布局描述

(1) 网格包布局是目前接触到的最复杂和灵活的布局管理器，在网格布局的基础上，对于加入容器中的组件的布局控制性更强，比如能让组件跨越多个单元格，能让组件在单

元格中具有各种拉伸方式、对齐方式等等。

(2) 每个 GridBagLayout 对象维持一个动态的矩形单元网格,每个组件占用一个或多个这样的单元,称为显示区域;网格坐标(0,0)位于容器的左上角网格,其中 X 向右递增,Y 向下递增。

(3) 容器使用 GridbagLayout 进行布局,需要联合 GridBagConstraints 网格包约束对象:首先生成网格包约束对象 c,然后对 c 进行布局属性的设置,容器在加入某个组件之前,将组件和网格包约束对象进行绑定:

   网格包布局管理器对象.setConstraints(组件对象,网格包约束对象 c);

这样组件加入容器时就具有网格包约束对象设置的布局特性,即每个组件在容器中的布局是由网格包约束对象来规定的。

2. GridBagConstraints 网格包约束对象描述

GridBagConstraints 网格包约束对象的使用主要是设置其布局属性,这些布局属性对应各种布局规则,然后将该对象与窗口组件"绑定",这些布局规则就作用于要加入网格包布局容器的组件上,使之完成较为复杂和灵活的布局。其主要的属性如下:

(1) gridx 和 gridy:设置组件的位置(x 和 y 坐标)。

① gridx 设置为 GridBagConstraints.RELATIVE,代表此组件位于之前所加入组件的右边。

② gridy 设置为 GridBagConstraints.RELATIVE,代表此组件位于以前所加入组件的下面。

③ 建议定义出 gridx、gridy 的位置,表示放在几行几列,例如 gridx=0,gridy=0 时放在 0 行 0 列。

(2) gridwidth 和 gridheight:设置组件所占宽度和高度。

① 默认值为 1,gridwidth = 2 表示占 2 个网格的宽度,gridheight=2 表示占 2 个网格的高度,也即组件跨越的单元格。

② 可以使用 GridBagConstraints.REMAINDER 常量,代表此组件为此行或此列的最后一个组件,而且会占据所有剩余的空间。

(3) weightx 和 weighty:拉伸比例。

① 默认值皆为 0,表示组件大小固定,窗口被拉伸,但是组件大小不会变化。

② 如果设置为非 0,则窗口被拉伸变大时,各组件随着比例变大;数字越大,表示组件能得到的空间更多。

(4) insets:组件之间的间距。

① 有四个参数,分别是上、左、下、右,默认值为(0,0,0,0)。

② 对于网格包约束对象进行 insets 的设置,需要 Insets 对象,例如:

  c.insets = new Insets(10, 0, 0, 0);   //上部有 10 像素的间距

(5) fill:组件在单元格中的填充情况。

① 如果显示区域比组件的区域大,可以用 fill 属性来控制组件的填充行为。

② 可以控制组件在单元格中进行垂直填充、水平填充或者两个方向一起填充。

③ 使用方式,例如:

  c.fill = GridBagConstraints.HORIZONTAL; //水平拉伸后填充单元格

  c.fill = GridBagConstraints.VERTICAL;   //垂直拉伸后填充单元格

c.fill = GridBagConstraints.BOTH;   //双向拉伸后填充单元格

(6) anchor：组件停靠位置。

① 当组件小于其显示区域时，用于确定将组件置于显示区域(网格)的何处。

② c.anchor 可以设置为下列属性，以表示组件在网格中的停靠位置：

  GridBagConstraints.NORTH
  GridBagConstraints.SOUTH
  GridBagConstraints.WEST
  GridBagConstraints.EAST
  GridBagConstraints.NORTHWEST
  GridBagConstraints.NORTHEAST
  GridBagConstraints.SOUTHWEST
  GridBagConstraints.SOUTHEAST
  GridBagConstraints.CENTER (the default)

(7) ipadx 和 ipady：组件内部填充，默认值为 0。

3. GridBagLayout 和 GridBagConstraints 的使用

程序示例 11-14　使用 GridBagLayout 和 GridBagConstraints 对容器中的组件进行布局。

程序段(GridBagLayoutDemo1.java)

```
    JButton b1 = new JButton("按钮 1");
    JButton b2 = new JButton("按钮 2");
    JButton b3 = new JButton("按钮 3");
    JButton b4 = new JButton("按钮 4");
    JButton b5 = new JButton("最后一个按钮");
    public GridBagLayoutDemo1() {
        super("网格包布局管理器");
        this.setAlwaysOnTop(true);
        this.setSize(400, 300);
        this.setLocationRelativeTo(null);
        this.setResizable(true);
        this.setDefaultCloseOperation(JFrame.EXIT_ON_CLOSE);
        this.addButtons();
        this.pack();                        //窗口根据内部组件和布局确定自己的最佳大小
        this.setVisible(true);
    }
    private void addButtons(){
        GridBagConstraints c;
        int gridx, gridy, gridwidth, gridheight, anchor, fill, ipadx, ipady;
        double weightx, weighty;
        Insets inset;
```

```java
GridBagLayout gridbag = new GridBagLayout();            //网格包布局对象
Container contentPane = this.getContentPane();
contentPane.setLayout(gridbag);

gridx = 0;              gridy = 0;
gridwidth = 1;          gridheight = 1;
weightx = 1;            weighty = 1;
anchor = GridBagConstraints.CENTER;
fill = GridBagConstraints.HORIZONTAL;
inset = new Insets(0, 0, 0, 0);
ipadx = 0;              ipady = 0;                      //设置网格包约束对象属性
c = new GridBagConstraints(gridx, gridy, gridwidth, gridheight,
        weightx, weighty, anchor, fill, inset, ipadx, ipady);
gridbag.setConstraints(b1, c);                          //网格包约束对象与组件绑定
contentPane.add(b1);                                    //将组件 b1 加入到窗口中

gridx = 1;              gridy = 0;
gridwidth = 2;          gridheight = 1;
weightx = 1;            weighty = 1;
anchor = GridBagConstraints.CENTER;
fill = GridBagConstraints.HORIZONTAL;
inset = new Insets(0, 0, 0, 0);
ipadx = 0;              ipady = 0;
c = new GridBagConstraints(gridx, gridy, gridwidth, gridheight,
        weightx, weighty, anchor, fill, inset, ipadx, ipady);
gridbag.setConstraints(b2, c);
contentPane.add(b2);                                    //将组件 b2 加入到窗口中

gridx = 0;              gridy = 1;
gridwidth = 1;          gridheight = 1;
weightx = 1;            weighty = 1;
anchor = GridBagConstraints.CENTER;
fill = GridBagConstraints.HORIZONTAL;
inset = new Insets(0, 0, 0, 0);
ipadx = 0;              ipady = 50;
c = new GridBagConstraints(gridx, gridy, gridwidth, gridheight,
        weightx, weighty, anchor, fill, inset, ipadx, ipady);
gridbag.setConstraints(b3, c);
contentPane.add(b3);                                    //将组件 b3 加入到窗口中

gridx = 1;              gridy = 1;
```

第十一章 图形界面设计

```
            gridwidth = 1;        gridheight = 1;
            weightx = 1;          weighty = 1;
            anchor = GridBagConstraints.CENTER;
            fill = GridBagConstraints.HORIZONTAL;
            inset = new Insets(0, 10, 0, 10);
            ipadx = 0;            ipady = 0;
            c = new GridBagConstraints(gridx, gridy, gridwidth, gridheight,
                    weightx, weighty, anchor, fill, inset, ipadx, ipady);
            gridbag.setConstraints(b4, c);
            contentPane.add(b4);                              将组件 b4 加入到窗口中

            gridx = 2;            gridy = 1;
            gridwidth = 1;        gridheight = 2;
            weightx = 1;          weighty = 1;
            anchor = GridBagConstraints.CENTER;
            fill = GridBagConstraints.HORIZONTAL;
            inset = new Insets(10, 0, 10, 0);
            ipadx = 0;            ipady = 50;
            c = new GridBagConstraints(gridx, gridy, gridwidth, gridheight,
                    weightx, weighty, anchor, fill, inset, ipadx, ipady);
            gridbag.setConstraints(b5, c);
            contentPane.add(b5);                              将组件 b5 加入到窗口中
        }
        public static void main(String[] args) {
            new GridBagLayoutDemo1();
        }
    }
```

程序结果：

程序分析：

(1) 从上述程序可以看出，GridBagLayout 网格包布局的主要使用步骤为：

① 生成网格包布局管理器对象：

    GridBagLayout gridbag = new GridBagLayout();

② 容器设置布局管理器：

    contentPane.setLayout(gridbag);

③ 生成并设置网格包约束对象：
   c = new GridBagConstraints(gridx, gridy, gridwidth, gridheight,
        weightx, weighty, anchor, fill, inset, ipadx, ipady);
④ 将组件与设置好的网格包约束对象绑定：
   gridbag.setConstraints(b5, c);
⑤ 将组件加入到容器中：
   contentPane.add(b5);

(2) 对于每一个加入到容器中的组件，都要与相应的网格包约束对象进行绑定。这是一个动态调整布局的方式，要注意网格包约束对象各个属性设置的变化。

本 章 小 结

1. Java 图形用户界面设计主要使用 java.awt 和 javax.swing 两个包下的类来完成。
2. 窗口设计主要有以下几个步骤：
(1) 使用 JFrame 类构成窗口并设置窗口属性。
(2) 创建 javax.swing 包下的各种窗口组件类对象，对组件进行属性设置后加入到容器/窗口中。
(3) 对容器中的组件进行布局(绝对布局或布局管理)。
(4) 对各个窗口组件进行事件处理，使之能响应相应的事件。
3. Java 的窗口组件很多，本章主要介绍了窗口容器 JFrame，面板容器 JPanel，标签 JLabel，命令按钮 JButton，复选框 JCheckBox，单选按钮 JRadioButton，文本框 JTextField，密码框 JPassword，文本区 JArea，下拉列表 JCombox，菜单 JMenu、JMenuBar 和 JMenuItem 等，以及一些辅助类，如字体 Font、颜色 Color、图像 Image 和 ImageIcon 等，还有其它很多窗口组件需要读者继续挖掘学习。
4. Java GUI 容器的布局管理主要是分为绝对布局和布局管理器两种方式。绝对布局需要对容器中的每一个组件设置好大小和位置；布局管理器是使用相应布局类的规则自动管理容器的布局。
5. 本章介绍了流式布局 FlowLayout、边界布局 BorderLayout、网格布局 GridLayout 和网格包布局 GridBagLayout 等，配合 JPanel 的使用，Java 初学者可以完成简单到较为复杂的容器布局。
6. 除了以上四个较为常用的布局管理器外，还有卡片布局(java.awt.CardLayout)、盒子布局(javax.swing.BoxLayout)、重叠布局(javax.swing.OverlayLayout)等，在此就不再进行介绍，读者可在课后自行学习。

习题十一

一、简答题

1. Java 进行窗口界面设计主要有两个包 awt 和 swing，它们之间的关系是什么？

2. 窗口界面设计中的窗口组件大概有哪些？
3. Java 的容器组件有哪些？它们的主要用作什么？
4. 如何设置窗口组件的字体？
5. 窗口组件的背景色和前景色指的是什么？
6. Java 的按钮组件分为哪几种？
7. Java 的文本组件分为哪几种？
8. 对容器进行绝对布局的主要做法是什么？
9. Java 常用的容器所具有的默认布局管理器是什么？
10. Java 布局管理器大概有哪些？布局规则是什么？

二、操作题

1. 请使用 Java 相关类完成下面窗口界面的设计。
2. 请参照 Windows 自带的计算机程序设计下面的窗口界面，注意菜单组件、布局管理器的使用。

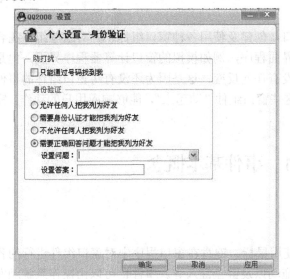

3. 请使用 Java 相关类和布局管理器来完成下面 QQ 登录界面的设计。

第十二章 事件处理

本章学习内容：
- 事件处理的基本概念
- 监听器接口
- 监听器适配器
- 事件处理的委托机制
- 标准事件的处理
- 具体事件的处理

在上一章中介绍了如何构成窗口，创建及使用各种窗口组件，并对这些组件在容器中进行布局，从而形成所需要的窗口界面程序，例如模拟的窗口计算器程序界面，但是当我们点击窗口中的按钮等组件时，却没有任何反应，这是因为还没有将窗口组件的事件处理加入到程序中。本章将介绍如何让这些窗口组件"动起来"，能够响应用户的动作，完成事件的处理。

12.1 事件基本概念

12.1.1 事件

窗口的事件(event)指的是用户使用鼠标、键盘在窗口程序中对窗口组件进行的各种操作，例如鼠标点击、进入、移动、拖动以及键盘键入等。事件也可以由操作系统触发，例如时间计时器等，事件类的主要类层次如图12-1所示。

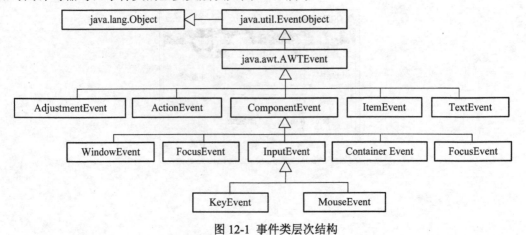

图 12-1 事件类层次结构

java.util.EventObject 是所有事件类的超类，具有方法 getSource()，用于返回产生某事件的组件对象(事件源)；java.awt.AWTEvent 是所有 AWT 事件的根事件类，此类及其子类取代了原来的 java.awt.Event 类，具有方法 getID()，返回某事件的 ID 号。

Java 的部分事件类描述如表 12-1 所示。

表 12-1 Java 的部分事件类

事件类	说 明
ActionEvent	激活组件时发生的(标准)事件
AdjustmentEvent	调节可调整的组件(如移动滚动条)时发生的事件
ComponentEvent	操纵某组件时发生的一个高层事件
ContainerEvent	向容器添加或删除组件事件
ItemEvent	从选择项、复选框或列表中选择项目时发生的事件
KeyEvent	键盘敲击时发生的事件
MouseEvent	操作鼠标时发生的事件
PaintEvent	描绘组件时发生的事件
FocusEvent	组件获得/失去焦点时发生的事件
TextEvent	更改文本时发生的事件
WindowEvent	操作窗口时发生的事件

12.1.2 事件源

事件源(Event Source)即事件发生的地方，主要指的是事件发生在哪个窗口组件上。上述的事件类大多与相应的事件源对应，如表 12-2 所示。

表 12-2 Java 的部分事件源

事 件	说 明
ActionEvent	JButton、JList、JMenuItem、JTextField 事件源的标准事件
AdjustmentEvent	JScrollbar
ComponentEvent	JComponent
ContainerEvent	JContainer
ItemEvent	JCheckBox、JChoice、JList
KeyEvent	JComponent
MouseEvent	JComponent
TextEvent	JtextField、JTextArea
WindowEvent	Window

大多数窗口组件都可以作为事件源，事件源组件能够注册(绑定)监听器对象并能发送事件对象，窗口组件基本都有这样的能力。

12.1.3 监听器接口与监听器对象

窗口组件的事件如何进行处理呢？Java 将窗口组件的事件处理"委托"给监听器对象来完成，监听器对象是监听器接口的实现类对象。

1. 监听器接口

Java 的接口 java.util.EventListener 是所有监听器接口的父接口，该父接口下约有 70 多个子接口，较为常用的接口如表 12-3 所示。

表 12-3　Java 的部分常用监听器接口

监听器名	说　　明
ActionListener	标准监听器
KeyListener	键盘监听器
MouseListener	鼠标监听器
MouseMotionListener	鼠标滚轮监听器
ComponentListener	组件监听器
ContainerListener	容器监听器
ItemListener	选项监听器
WindowListener	窗口监听器
FocusListener	得到/失去焦点监听器
TextListener	文本监听器
AdjustmentListener	调整事件监听器

不同的监听器接口监听的事件源不同，监听的具体事件也不同；在监听器接口中声明了被监听组件发生相应事件时应该被调用的事件处理方法，方法的具体代码由监听器接口的实现类来完成。例如键盘监听器接口 KeyListener 将监听某个窗口组件的键盘事件，接口的定义如下：

```
public interface KeyListener extends EventListener {
    public void keyPressed(KeyEvent e);
    public void keyReleased(KeyEvent e);
    public void keyTyped(KeyEvent e);
}
```

键盘监听器接口 KeyListener 声明了三个方法监听某个组件上对应的事件，当事件发生时将调用相应的方法：

(1) 键盘按键被按下，调用 keyPressed 方法。

(2) 键盘按键抬起来，调用 keyReleased 方法。

(3) 键盘按键被敲击一次，调用 keyTyped 方法。

监听器接口与前面第七章对接口的描述一致：谁实现了监听器接口，谁就具有监听并处理事件的能力。具体监听的是哪个组件，需要将监听器实现类对象与组件对象进行"关联"；事件具体是怎么处理的，由监听器实现类来完成具体方法的编写，监听器接口在这里实现了事件处理的框架和机制。

2. 监听器对象

监听器对象是监听器接口实现类的实例对象，该对象具有监听窗口组件指定事件的能力，当该事件在窗口组件上发生时，监听器对象能够获取该事件对象并执行预定义的方法，用以实现事件处理。

对于不同组件可能发生的对应事件，需要选择相应的监听器接口，自定义监听器类实现该接口，将事件发生时要执行的动作代码写到接口声明的方法中，然后创建监听器对象与被监听的组件进行绑定，就可以"坐等"该组件上指定事件的发生。

12.1.4 监听器适配器

监听器适配器(Listener Adapter)是空实现了对应监听器接口的类，即监听器适配器将监听器接口的所有方法进行了实现，但是方法体为空，这样可方便程序员继承监听器适配器而不用实现监听器接口，如图 12-2 所示。

因为适配器已经空实现了监听器的所有抽象方法，对于自定义监听器类而言，继承了适配器也就相当于空实现了监听器接口。对于接口中的多个抽象方法，需要在哪个方法中写事件处理代码，只需要重写那个方法即可，其它不需要的方法可以不用管。常用监听器对应的适配器如表 12-4 所示。

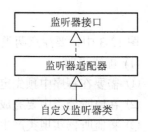

图 12-2　监听器适配器

表 12-4　常用监听器对应的适配器

监听器	对应的适配器
ComponentListener	ComponentAdapter
ContainerListener	ContainerAdapter
KeyListener	KeyAdapter
MouseListener	MouseAdapter
MouseMotionListener	MouseMotionAdapter
WindowListener	WindowAdapter

12.2　委托事件模型

从前面对 Java 事件处理的基本概念的描述可知，窗口组件对事件的处理是"委托"给监听器对象来完成的，而事件处理要求 Java 程序员需要做的有以下几步：

(1) 编写自定义监听器类，可以实现对应的监听器接口，也可以继承对应的监听器适配器，在该类中实现/重写对应事件的处理方法。

(2) 使用自定义监听器类创建监听器对象，将该对象与要监听的窗口组件进行"关联"。

(3) 当该窗口组件上被监听的事件发生时，就会被监听器对象监听到并获得该事件对象，然后自动执行预定义的事件处理方法。

该模型如图 12-3 所示。

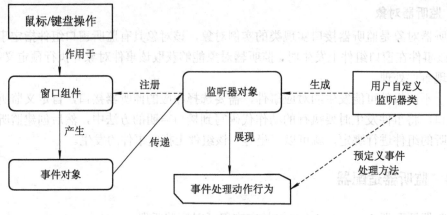

图 12-3 委托事件模型

图 12-3 中，要注意两类线型：

(1) 虚线说明：
① 需要在程序中预先定义好监听器接口实现类。
② 在监听器类中要完成具体的事件处理方法，即预先定义的事件处理的动作代码。
③ 将监听器实现类产生的监听器对象与窗口组件进行注册/绑定。

(2) 实线说明：
① 当用户有鼠标或键盘的操作在被监听的窗口组件上发生时，系统将产生相应的事件对象。
② 事件源组件将事件对象传递给已注册的监听器对象，然后由监听器对象接管事件处理，展现出预定义的事件处理动作。

12.3 事件处理程序

12.3.1 标准事件处理

JButton 按钮组件的标准动作是点击鼠标左键，该动作将产生 ActionEvent 事件对象，然后由 ActionListener 监听器实现类的对象来监听该事件并进行处理，ActionListener 接口只定义了一个方法：

    public void actionPerformed(ActionEvent e);

按照上述委托事件模型的描述，对按钮的事件进行处理，只需要完成下面两步操作：

(1) 编写监听器接口实现类实现 ActionListener 接口，在 actionPerformed 方法中写入点击按钮的将要实现的动作代码。

(2) 将该用户自定义监听器类的对象与按钮组件进行注册(绑定)。

完成以上两步操作后，当用户使用鼠标点击该按钮时，预定义的事件处理动作代码就会被自动运行。

程序示例 12-1　对按钮使用标准事件处理(结构 1：用户自定义监听器类作为内部类)。

<u>程序段(BookView.java)</u>

```java
import javax.swing.*;
import java.awt.*;
import java.awt.event.*;
public class BookView extends JFrame{
    private JButton button1,button2,button3;
    private JLabel label;
    private JPanel topPanel;
    private JPanel centerPanel;
    private ImageIcon i1;
    private Font buttonFont = new Font("FZYTK.TTF",Font.PLAIN,12);
    public BookView() {                                             //窗口设置
        super("新书介绍");
        this.setSize(500,365);
        this.setLocationRelativeTo(null);
        this.setAlwaysOnTop(true);
        this.setDefaultCloseOperation(JFrame.EXIT_ON_CLOSE);
        BorderLayout bl = new BorderLayout();
        this.setLayout(bl);
        addPanels();
        setVisible(true);
    }
    private void addPanels(){
        topPanel = new JPanel();                                    //上部面板
        topPanel.setLayout(new FlowLayout(FlowLayout.CENTER,20,10));
        centerPanel = new JPanel();                                 //中部面板
        centerPanel.setLayout(new FlowLayout(FlowLayout.CENTER,0,20));
        MyButtonListener listener = new MyButtonListener();   //产生监听器对象
        button1 = new JButton("史蒂夫·乔布斯传");
        button1.setFont(buttonFont);
        button1.addActionListener(listener);                //按钮 1 与监听器对象绑定
        button2 = new JButton("Android 技术内幕");
        button2.setFont(buttonFont);
        button2.addActionListener(listener);                //按钮 2 与监听器对象绑定
        button3 = new JButton("HTML5 高级程序设计");
        button3.setFont(buttonFont);
        button3.addActionListener(listener);                //按钮 3 与监听器对象绑定
        topPanel.add(button1);
        topPanel.add(button2);
```

```
            topPanel.add(button3);
            label = new JLabel();
            centerPanel.add(label);
            centerPanel.setBackground(Color.LIGHT_GRAY);
            this.add(topPanel,BorderLayout.NORTH);
            this.add(centerPanel,BorderLayout.CENTER);
        }
        public static void main (String[] args) {
            new BookView();
        }
        class MyButtonListener implements ActionListener{           用户自定义监听器类
            public void actionPerformed(ActionEvent e){
                String s = ((JButton)e.getSource()).getText() + ".jpg";   获取图片文件名
                i1 = new ImageIcon(s);
                label.setIcon(i1);                                 对标签设置图片文件
            }
        }
    }
```

程序结果：

点击第一个按钮结果：

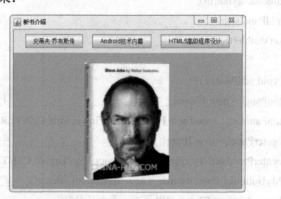

点击第二个按钮结果：

程序分析：

(1) 该程序上部面板有三个按钮，点击不同的按钮，就会在窗口下面的面板标签上显示按钮上文字对应图书的封面图片。

(2) 窗口的设计：窗口顶部的面板居中放置了三个 JButton；窗口中部的面板中放置了一个承载了图书封面图片的 JLabel。

(3) 在当前目录下放置了三本图书的封面图片，即史蒂夫·乔布斯传.jpg、Android 技术内幕.jpg 和 HTML5 高级程序设计.jpg。(注意：三个按钮的名称与三幅图片的文件名相同。)

(4) 在 BookView 类中定义了一个内部类，即 MyButtonListener 类，该类是 ActionListener 接口的实现类。

(5) 在 actionPerformed 方法中，首先通过方法参数 ActionEvent e 对象获取事件源 (JButton)e.getSource()，然后获取事件源(按钮组件)上的文本字符串，使用该文本+".jpg"就正好是对应图片的文件名，最后由图片文件名生成图像图标对象对 JLabel 进行设置。

(6) 对三个按钮都需要使用按钮组件的成员方法 addActionListener()来和用户自定义的监听器类对象进行注册(绑定)。

12.3.2 标准事件处理的另外两种形式

上述标准事件处理的程序结构形式是在 BookView 类中定义了一个用户自定义监听器的内部类 MyButtonListener，这是一种比较常用的程序结构，还可以使用下面两种形式来完成事件处理。

1. BookView1 类自己实现 ActionListener 接口

程序示例 12-2 对按钮使用标准事件处理(结构 2：用户类自己实现 ActionListener 类)。

程序段(BookView1.java)

```
public class BookView1 extends JFrame implements ActionListener{          自己实现监听器接口
    private JButton button1,button2,button3;
    private JLabel label;
    private JPanel topPanel;
    private JPanel centerPanel;
    private ImageIcon i1;
    private Font buttonFont = new Font("FZYTK.TTF",Font.PLAIN,12);
    public BookView1() {
        super("新书介绍");
        this.setSize(500,365);
        this.setLocationRelativeTo(null);
        this.setAlwaysOnTop(true);
        this.setDefaultCloseOperation(JFrame.EXIT_ON_CLOSE);
        BorderLayout bl = new BorderLayout();
        this.setLayout(bl);
        addPanels();
```

```
        setVisible(true);
    }
    private void addPanels(){
        topPanel = new JPanel();
        centerPanel = new JPanel();
        topPanel.setLayout(new FlowLayout(FlowLayout.CENTER,20,10));
        centerPanel.setLayout(new FlowLayout(FlowLayout.CENTER,0,20));
        button1 = new JButton("史蒂夫·乔布斯传");
        button1.setFont(buttonFont);
        button1.addActionListener(this);              this 作为监听器对象
        button2 = new JButton("Android 技术内幕");
        button2.setFont(buttonFont);
        Button2.addActionListener(this);              this 作为监听器对象
        button3 = new JButton("HTML5 高级程序设计");
        button3.setFont(buttonFont);
        Button3.addActionListener(this);              this 作为监听器对象
        topPanel.add(button1);
        topPanel.add(button2);
        topPanel.add(button3);
        label = new JLabel();
        centerPanel.add(label);
        centerPanel.setBackground(Color.LIGHT_GRAY);
        this.add(topPanel,BorderLayout.NORTH);
        this.add(centerPanel,BorderLayout.CENTER);
    }
    public static void main (String[] args) {
        new BookView1();
    }
    public void actionPerformed(ActionEvent e){         实现监听器接口的抽象方法
        String s = ((JButton)e.getSource()).getText() + ".jpg";
        i1 = new ImageIcon(s);
        label.setIcon(i1);
    }
}
```

程序结果：
程序结构与上述程序运行结果是一样的，在此不再重复。

程序分析：
BookView1 类自己实现 ActionListener 接口，在该类中实现了 ActionListener 接口的唯一抽象方法 actionPerformed()，所以 BookView1 类的对象就成为了监听器对象，使用 this

和三个按钮组件进行"注册"。

2. BookView2 类使用匿名监听器类的方式

程序示例 12-3 对按钮使用标准事件处理(结构 3：匿名监听器类方式)。

程序段(BookView2.java)

```
    button1.addActionListener(new ActionListener(){
    public void actionPerformed(ActionEvent e){
            String s = ((JButton)e.getSource()).getText() + ".jpg";
            i1 = new ImageIcon(s);
            label.setIcon(i1);
    }
});
//button2 和 button3 同样用上述的方式绑定匿名监听器类对象
```

程序结果：

程序结构与上述程序运行结果是一样的，在此不再重复。

程序分析：

(1) 匿名监听器类，即没有名字的监听器类，使用该匿名监听器类生成一个对象与按钮组件进行注册即可完成按钮的事件处理。

(2) 匿名监听器类是一次性的、较为简便的监听器类写法，但可读性和复用性不强。

(3) 对 BookView2 类中的三个按钮都采用这样的写法注册监听器类对象：

```
    button1.addActionListener(匿名监听器类对象);
```

括号中是匿名监听器类的定义，同时创建了该匿名监听器类的对象。

12.3.3 具体事件处理

上述程序是标准事件处理，主要是监听处理一些组件的标准动作。如果想针对更为具体的组件事件进行处理，就需要实现具体的事件监听器接口。下面以鼠标事件处理为例进行介绍。

程序示例 12-4 对按钮进行鼠标具体事件的监听与处理。

程序段(MouseEventDemo1.java)

```
    import javax.swing.*;
    import java.awt.*;
    import java.awt.event.*;
    public class MouseEventDemo1 extends JFrame {
        private JButton button;
        private JLabel label;
        private JPanel panel;
        private Font font = new Font("FZYTK.TTF",Font.PLAIN,16);
        public MouseEventDemo1() {
            super("鼠标事件处理");
```

```java
        this.setSize(260,160);
        this.setLocationRelativeTo(null);
        this.setAlwaysOnTop(true);
        this.setDefaultCloseOperation(JFrame.EXIT_ON_CLOSE);
        initGui();
        setVisible(true);
    }
    private void initGui(){
        label = new JLabel("默认文本",JLabel.CENTER);
        label.setFont(font);
        this.getContentPane().add(BorderLayout.CENTER,label);      将标签加入窗口中部
        panel = new JPanel();
        button = new JButton("被点击的按钮");
        panel.add(button);
        this.getContentPane().add(BorderLayout.SOUTH,panel);       将面板加入窗口下部
        MyMouserListener mr = new MyMouserListener();
        button.addMouseListener(mr);                               将按钮与鼠标监听器对象绑定
    }
    public static void main (String[] args) {
        new MouseEventDemo1();
    }
class MyMouserListener extends MouseAdapter{                       自定义鼠标监听器类
    public void mouseEntered(MouseEvent e){                        监听鼠标进入动作
        label.setText("鼠标进入");
        label.setForeground(Color.RED);
    }
    public void mouseExited(MouseEvent e){                         监听鼠标离开动作
        label.setText("鼠标离开");
        label.setForeground(Color.BLACK);
    }
    public void mousePressed(MouseEvent e){                        监听鼠标按下动作
        label.setText("鼠标正在被按下");
    }
    public void mouseClicked(MouseEvent e){                        监听鼠标点击动作
        label.setText("鼠标被点击");
    }
}
}
```

程序结果：

程序分析：

(1) 除了 ActionListener 标准监听器接口之外，还能监听更具体的事件，具体做法与前面程序类似：自定义类实现相应的监听器接口并产生监听器对象，将该对象与需要监听的组件进行绑定即可。例如上面内容提到的鼠标 MouseListener、键盘 KeyListener、容器 ContainerListener、选项 ItemListener、窗口 WindowListener、焦点 FocusListener 等各种具体的监听器接口。

(2) 在本程序中，没有实现鼠标监听器接口，而是继承了鼠标监听适配器，这样就不需要实现鼠标监听器接口的方法，只是选择了其中四个方法来进行重写，监听相应的鼠标动作：进入、按下、点击和离开发生时要完成的动作代码。

(3) 自定义监听器类可以实现多个监听器接口，只需要实现这些接口的所有方法即可，这样产生的监听器对象与制定组件绑定后，就能够监听多个事件动作。

(4) 其它的监听器接口情况与前面两个程序类似，这里就不再赘述，请读者自行学习和上机编程练习。

本 章 小 结

1. 事件是可能发生在窗口组件上的各种动作，包括键盘、鼠标的动作，窗口拉伸，焦点的获得与失去等等，java.util.EventObject 下面的各个事件子类与这些事件对应。

2. 事件源是事件发生的地方，不同的窗口组件作为事件源对应不同的事件。

3. 不同的事件监听器接口对应不同组件上可能发生的事件，声明了相应的监听方法，就表示当监听到组件上发生的事件时要执行相应的方法，具体代码由实现监听器接口的实现类来完成。

4. 监听器适配器是空实现了监听器接口的类。

5. Java 的 GUI 事件处理是委托机制，将事件的监听、处理委托给监听器对象。

6. 监听器类是实现监听器接口的类，它的写法可以有以下几种结构：

(1) 作为单独的一个类；

(2) 某个窗口类自己实现监听器接口；

(3) 匿名内部类。

习 题 十 二

一、简答题

1. 什么是事件？
2. Java 的事件类继承层次是怎样的？
3. 什么是监听器接口？什么是监听器适配器？
4. 什么是标准监听器？它对应哪个类？
5. 监听器对象的作用是什么？
6. 在 Java 中对一个组件进行事件处理的步骤有哪些？
7. 对于鼠标事件来说，有哪些事件可以监听？对应监听器的哪些方法？
8. 对于键盘事件来说，如何监听具体哪个键被按下？组合键被按下呢？

二、操作题

1. 请参考文中事件处理程序的三种结构，实现下面这个简易加法计算器的程序：输入两个整数，点击等号按钮求两个数之和，并在等号后面显示。

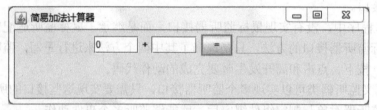

2. 在第十一章第 2 个编程题设计的计算器窗口界面基础上添加事件处理，能够输入整数、小数并完成四则运算。

3. 请查询 Java API 帮助文档，设计一个窗口，窗口中承载了一个文字标签，程序要求监听窗口的事件(包括窗口打开、窗口激活、窗口最小化、窗口还原等)，当这些事件发生时，在标签中显示相对应的文字(如窗口被打开、窗口被激活、窗口被最小化、窗口被还原等)。

4. 参考本章中 12.3 节的 BookView.java 程序，将该程序改造为一个简单图片浏览器桌面程序，具体描述如下：

(1) 设计一个窗口界面，窗口上部具有菜单，中部是图像显示区，下部具有"上一张"、"下一张"、"第一张"、"最后一张"等几个按钮。

(2) 从菜单中可以打开电脑中指定的磁盘目录，该程序能够访问并显示该目录下的图片文件。

(3) 点击窗口下部的按钮能够实现对该目录下图像文件的浏览，依次在图像显示区中按一定要求进行显示。

(4) 根据图片浏览器还可能具有的功能添加相应的组件和程序代码，让程序更加完善。